我们内心的冲突

[美] 卡伦·霍妮◎著
刘春艳◎译

煤炭工业出版社
·北　京·

图书在版编目（CIP）数据

我们内心的冲突／（美）卡伦·霍妮著；刘春艳译．
－－北京：煤炭工业出版社，2017（2021.6 重印）
ISBN 978－7－5020－6179－1

Ⅰ．①我…　Ⅱ．①卡…　②刘…　Ⅲ．①精神分析—研究　Ⅳ．①B84－065

中国版本图书馆 CIP 数据核字（2017）第 244200 号

我们内心的冲突

著　　者　（美）卡伦·霍妮
译　　者　刘春艳
责任编辑　刘少辉
封面设计　朝圣设计·阿正

出版发行　煤炭工业出版社（北京市朝阳区芍药居 35 号　100029）
电　　话　010－84657898（总编室）
　　　　　010－64018321（发行部）　010－84657880（读者服务部）
电子信箱　cciph612@126.com
网　　址　www.cciph.com.cn
印　　刷　北京楠萍印刷有限公司
经　　销　全国新华书店

开　　本　880mm×1230mm 1/32　**印张**　8 1/2　**字数**　260 千字
版　　次　2017 年 10 月第 1 版　2021 年 6 月第 4 次印刷
社内编号　9059　**定价**　38.80 元

目　录

CONTENTS

前　言

为了促进精神分析理论的发展，我在对病人和自己进行分析之后，写下了一本书。然而这本书中所提出的理论，在数年后才得到了推广。美国精神分析研究院曾主办了一系列相关的讲座，准备工作由我负责，之后我的这些观点才得以明晰。我的第一个讲座举办于1943年，题目是《精神分析的技术问题》，围绕有关问题在技术方面展开了讨论。我的第二个讲座是在1944年举行的，此次讲座的题目是《人格的整合》，包含了本书讨论的问题；从中挑选出的一些题材已经在医学院和精神分析促进会上宣讲过了，比如“精神分析疗法中的人格整合”“孤独的人格”以及“虐待狂趋势的意义”等。

我希望那些想要对精神分析理论和治疗方法做出改进的精神分析工作者们，能在本书中有所收获，并能将这些观点用在病人和自己身上。想要取得精神分析理论的进展，必须采用强硬的手段，把我们自身和各种困难都集中在一起。如果我们只是安于现状，不思进取，那么我们的精神分析理论必定会变得贫乏。

我坚信，只要不仅限于阐述技术问题，或者抽象的心理学理论，任何论著都会对那些想认识自我并为自我成长奋斗着的人们有所帮助。这个文明社会的问题层出不穷，而本书所描述的内心冲突，是大多数人都有的，对此，我们需要付出极大的努力去解决这些冲突。尽管有专家负责治疗此类严重的神经症，但我相信，只要人们能坚持下去，就能很好地处理自己的内心冲突。

首先，我要感谢我的病人们，他们努力配合我，并使我深入了解神经症。其次，对我的同事们，我也要深表谢意，正因为有他们的热情和理解，我才能继续我的工作。这些同事不仅有我的前辈们，还有那些在研究院接受培训的年轻人，是他们的集思广益启发了我。

此外，还有三个人用各自独特的方式支持了我的工作，尽管他们不是精神分析工作者。阿尔文·约翰逊博士给了我机会，让我能够把自己的想法提交给新社会研究院，当时唯一受到承认的分析理论与实践的学派，只有正统的弗洛伊德分析学。新社会研究院哲学和文艺系的主任克拉拉·麦耶尔女士，几年来一直关注着我的工作，并鼓励我与大家分享工作体会。第三个人是W.诺顿先生，他是我的出版商，也是我的助手和参谋，正因为有他的帮助，本书的质量才得到了很大的提升。最后，我还要感谢米勒·库恩，他帮助我把材料更好地组织起来，并把观点阐述得更加清楚。

卡伦·霍妮

序　言

不管我们的出发点是什么，也不管我们经过的途径如何曲折，在对精神病进行研究的时候，我们最终会发现人们患病的原因是人格的紊乱。事实上，这不是一个新发现，因为任何其他的心理学发现几乎都包括了这一内容。不论在哪个时代，诗人和哲学家们都很清楚，精神失调的人绝对不会表现出沉稳从容的性格和平衡的思维能力，因为他们饱受着内心的冲突和折磨。用现在的话来说，每一种神经症都是性格神经症，与其症状是无关的。因此，不管是在理论上还是在治疗中，我们都必须为了更好地理解神经症而努力研究人的性格结构。

实际上，弗洛伊德的理论是伟大的，而且极具开拓性，并与本书的观点相吻合，尽管他并没有在发生论中做出明确系统的阐述。弗朗兹·亚历山大、奥托·兰克、威尔逊·莱克和哈罗德·舒尔兹·亨克等人继续并发展了弗洛伊德的研究，并在神经症性格结构上做出了更为缜密的界定，但是他们的理论对于性格结构的性质及其能量的精确性，尚未产生统一的观点。

对于精神分析理论的研究，我则是从完全不同的角度出发的。弗洛伊德提出的关于女性心理学的假想影响了我，我开始思考文化因素的作用。我们在看待男性气质或女性气质时，很大程度上受到了那些文化因素的限制。在我看来，弗洛伊德得出错误结论的原因也是非常明显的，因为他没有把那些因素考虑进去。十五年过去了，我对这个问题依然很感兴趣。这项研究得以发展，很大程度上是由于我与埃利克·弗洛姆的合作。弗洛姆在社会学与精神分析学方面的知识十分渊博，他用这些知识让我更清楚地认识到，社会因素并不只限于女性心理。1932 年，来到美国后，我的这种观点得到了充分证实。与我在欧洲国家中所观察到的情况相比，这里的人在气质和神经症的各个方面都表现得很是不同，而能解释这个现象的只有文化差异了。最终，我在《我们时代的神经症人格》一书中做出了阐释和总结。在此，我所要强调的是，文化因素是神经症的病因。更准确地说，是人际关系的紊乱失调，导致了神经症的产生。

在写《我们时代的神经症人格》一书之前，我在研究“神经症的内驱力”。第一个对此做出说明的是弗洛伊德，他认为神经症的内驱力是强迫性内驱力，具有本能的特性，比如渴望得到满足、拒绝面对挫败等。他相信，这些内驱力存在于每个人身上，而非仅仅限于神经症范畴。但是，这种假设成立的前提是，神经症并非人际关系紊乱的产物。关于这个问题，我的看法是：强迫性内驱力从孤独、无助、恐惧、敌对等消极情绪中产生，是神经症所特有的。这还代表了神经症患者应对生活的方式，他们需要的是安全感而不是满足感；潜伏在那些消极情绪背后的是焦虑不安，从而产生了强迫性。我在《我们时代的神经症人格》一书中详细描述了其中两种内驱力，即“渴望温情”和“渴望权力”。

虽然我保留了弗洛伊德提出的最基本的理论，但我想更好地做出阐释，所以走上了一条与弗洛伊德不同的研究道路。如果弗洛伊德认为决定本能的因素都是文化，如果他所认为的“里比多”这种东西只是渴望温情的病态呈现，而形成这种渴望的原因是焦虑，目的是在与他人相处时有安全感，那么，里比多理论实难成立。当然，儿童时期的经历是非常重要的，但在看待它对我们的生活所造成的影响时，应该用与弗洛伊德不同的解释。自然，也会有其他的情形与弗洛伊德提出的理论相异。所以，我认为我有必要解释一下我的观点与弗洛伊德的不同之处，于是《精神分析的新途径》一书出版了。

当然，对神经症内驱力的研究，我也在继续进行着。我将强迫性内驱力称之为神经症趋势或倾向，在之后出版的论著中，我描述了十种这样的趋势。我在那时候发现了神经症性格结构有着关键的作用。当时，这种结构在我看来是一个大宇宙，它由许多相互作用的小世界组成，而每个小世界的核心就是一种神经症趋势。假如精神分析不将当下的麻烦与从前的经验挂上钩，而是对人格中各因素的相互作用进行整理，那么，我们只需要借助专家的点滴帮助，甚至不需要专家的帮助，就可以认识并改变自我。从目前的形势上看，人们对精神分析疗法的需求很盛，但能真正得到帮助的机会很少。显然，自我分析可以解决这一难题，满足人们的需求。于是，我出版了《自我分析》一书，围绕自我分析的可能性、局限性和方式等展开了讨论。

但是，我对个体倾向的阐释尚未全部完成。虽然我对这些倾向做了精确的描述，但我总认为，把它们简单地罗列出来，只会使它们相互孤立。我发现，“渴望温情”和“强迫性谦卑”及“需要伙伴”都属于同一类，但我没能意识到，把这些个体倾向结合起来，则形成了某种于人于己的基本态度，或者说某种特别的人生哲学。有一类人的性格核心就是这种倾向，即我们所谓的“亲近人”。我知道，在某些方面，对权力与威望的强迫性渴望与神经症的奢望有些类似，那些被我称之为“对抗人”的类型人群，其性格大致便是由这些倾向所构成的。虽然对赞美的需要和对完美的追求都有神经症趋向，对患者与他人的关系也产生了影响，但主要涉及的却是个体与自身的关系。此外，患者对一己之利的需要，并不像渴望温情或权力那样具有根本性，也不如它们那样广泛，就好像是从整体中分割出的一小块一样，并非独立的事物。

事实证明，我的质疑是有道理的。我在之后的研究中，主要关注了“神经症中冲突的作用”。我在《我们时代的神经症人格》一书中写道：“各种不同倾向的相互冲撞，导致了神经症的发生。”我又在《自我分析》一书中写道：“神经症的倾向在相互增强的同时，也产生了冲突。但是，冲突一直没有被人们重视。内心冲突的意义，被弗洛伊德看作是压抑与被压抑之间的争斗。后来我发现这种内心冲突出现在相互矛盾的神经症倾向之间，最开始只是涉及患者对他人的矛盾态度，到最后还涉及到患者对自身的矛盾态度，以及矛盾的品质和价值观。

观察得越深入，我越明白这类冲突的意义。最初，患者对自己内心存在的明显矛盾毫不知情。当我向他们说明这一点时，他们表现出回避的态度，似乎对这种冲突不感兴趣。发生过多次这样的事件后，我理解了他们的举动，他们很反感分析者试图解决他们的冲突。与此同时，患者在突然意识到这种冲突后，感到惊慌失措。从中不难看出，他们将自己陷于危机之中。患者对自身冲突避而不谈，是因为害怕自己被这种力量撕成碎片。

之后，我发现有些患者也在费心地“解决”冲突，但确切地说，他们是在否认这种冲突的存在，并想要制造出某种和谐的假象。患者解决冲突的方法主要有四种，本书将依次展开讨论。第一种是隐藏部分冲突，向对立面示弱。第二种是回避他人。我们已经对神经症患者的自我孤立有了新的认识。孤独其实就是内心冲突的一部分，也是最开始对他人所持有的矛盾态度之一。如果让自我与他人在感情上保持一定距离，那么冲突好像就不能发挥作用了，也就是说，孤独被他们视为一种解决冲突的方法。

第三种是回避自我，这与前面两种方式大为不同。

于患者而言，现实的自我是不真实的，于是他们创造出理想的自我取而代之。在这个理想的自我中，冲突不再是冲突，而是不同人格的不同方面。许多神经症问题，都可以用我的这个观点来证明。但是，直到今天，依然有些问题找不到答案，我们的治疗也一直不见效果。

这种方法将两种难以整合的神经症倾向在整体中的位置进行了明确。这样一来，对完美的需要就可以理解为在渐渐靠近理想中的自我；对赞美的渴望就可以看成是希望理想中的自我能得到他人的认可。理想与现实的差距，决定了满足需求的程度。在以上所有解决冲突的方法中，回避自我对患者的整个人格有着深远的影响，可能是他们最重要的方法。但是，新的内心裂缝由此而生，需要消除。

第四种方法是“外化作用”。为了消除新的内心裂缝，同时去除其他冲突，患者把内心活动排除在了自我之外。如果理想与现实相差不大，那么外化作用会令真实自我面目全非。新的冲突可能会由此产生，又或者原有的冲突被激化，尤其是自我与外界的冲突。

上述便是我所总结的患者自我解决冲突的主要方法。这些方法在各种神经症里多少都发挥着作用，同时也导致患者的人格发生着剧烈的变化。当然，除此之外，患者们还有别的方法，只不过没有这几种那么普遍。比如，断定自己是正确的，通过这种自以为是的态度把内心的疑虑压制下去；比如，自我克制，通过意志力把已经分裂的内心世界拼凑起来；再比如，犬儒主义，轻视所有的价值观，以便让与理想有关的冲突就此消亡。

同时，所有还未解决的冲突所造成的后果，在我脑海中也清晰地呈现了出来。我看到了由这些后果所导致的各种恐惧、精力的耗费、道德的摧毁，以及对复杂感情的绝望。

在理解了所谓的绝望之后，我也终于理解了“虐待倾向”。这种倾向表现出的是一种企图，患者对自己感到失望至极，他力求得到补偿，企图以某种行为替代生活。他想要获得报复性的胜利，所以在虐待行为中表现出强横的态度。因此，这类人喜欢破坏性的自利行为，因为他们想要在更广的范围中倔强地表现自己，而非单纯的神经质倾向。我们把这类人称为“虐待狂”，此外别无更准确的称谓了。

于是，一种新的神经症理论问世了。亲近他人、抗拒他人和回避他人，这三种态度之间的基本冲突是这种理论的动力核心。因为担心人格分裂，患者竭尽全力地去解决矛盾，以维持统一体的功能。虽然这样能够制造出一种人为的平衡，但新的冲突也同样被制造了出来，所以为了消除这些新的冲突，患者又需要寻求新的补救措施。患者在不断地逃避分裂和追求统一，变得更加敌对，更加手足无措，也更加恐惧，更加疏远他人。因此，更加严重的冲突产生了，解决的难度也增加了。到最后，患者失去了希望，企图从虐待行为中获得补偿，却发现绝望感不但没有减少，反而大大增加了，于是又产生出新的冲突。

神经症的发展及其导致的性格结构大致如此。乐观主义人士认为，我们可以通过非常简单的方法来治好神经症，这种观点显然是不符合实际的，同样不实际的当然也包括悲观主义。在我提出这个理论之前，其他理论都无法解决神经症难题，因此我认为自己的这个理论颇具建设性。一方面，在了解了神经症的复杂性与严重性后，这个理论所提出的观点是积极乐观的；另一方面，对于隐藏的冲突，它不仅有助于调节，实际上也能进行解决，正因如此，人们才有可能获得真正的人格完整。单单通过理性的方法是不可能解决神经症冲突的，而患者自己实施的解决方法不但没有解决冲突，反而使自身情况恶化。当然，只要改变了人格中造成冲突的各种状态，便能够解决这些冲突。每一项恰到好处的分析工作，都可以改变那些状态，因为通过这种分析，一个人的绝望、恐惧和敌意等可以被削弱，与他人的疏离程度也能降低。

在对神经症及其治疗方面，弗洛伊德持的是悲观态度，他认为人生来注定是要受苦和被毁灭的，人的本能只能被控制或者被“升华”。他不相信人是善良的，是在不断发展的。在我看来，人是有能力也有机会让自己变得更加优秀的；不过，当一个人与他人之间的关系，以及与自我的关系备受干扰时，其潜力便会被削弱，甚至变质。我坚信，身处这个世界，我们可以改变，也正在改变着自己。随着我们对神经症的理解愈加深入，而我的理论也随之愈加成熟了。

卡伦・霍妮

第一章
强烈的神经症冲突

有冲突并不等于患上了神经症，这是我首先要强调的。在生活中，人们的兴趣和信念总会有发生冲突的时候，与此类外界冲突一样，我们的内心也会时常产生冲突，这是生命中不可缺少的部分。

动物的本能决定了它们的行为。在不同程度上，动物的繁衍生息等行为都取决于本能，而不受个体意志控制。然而，人类是可以做出选择的，但享受这个特权之时，人类也不得不面对由此带来的负担，那就是：必须做出选择。在两种完全不同的意愿之间，我们必须做出取舍。比如，我们想独处，但又想有人陪同；我们想学医，但又想学音乐。有时，冲突存在于我们的意愿与义务中。比如，我们有义务帮助陷入困境的人，但我们的意愿却是与情人约会；对别人的想法，我们既想赞成又想反对，因而会陷入左右为难的处境。此外，冲突还体现在两种价值观之间。比如，在战争期间，我们的义务是冒险出征，但照顾亲人又是我们的责任。

社会的文明程度，决定了上述冲突的种类、范围以及强度等主要因素。如果文明坚守传统并保持不变，那么我们的选择权会很有限，个体之间发生冲突的可能性也比较小。但即使这样，冲突也依然存在。不同的忠诚方式会相互矛盾；个人意愿与集体义务也会相互矛盾。相互矛盾的价值观和完全不同的生活方式，在文明高速变化的阶段中是可以同时存在的。因此，我们可以选择的事物增多了，一个人必须做出选择的难度也就增加了。他可以随声附和，也可以刚愎自用；可以依赖某个组织，也可以独自隐逸；可以崇拜成功，也可以蔑视成功；可以对孩子严厉管教，也可以对孩子放任不管；可以认为男女的道德标准是不同的，也可以认为男女应该有相同的道德标准；可以认为人的情感是通过两性关系表现出来的，也可以认为人的情感与两性关系毫无关系；可以怀有种族歧视，也可以认为肤色不能决定一个人的价值，等等。

生活在这样的文明中，通常情况下我们必须做出选择。无疑，我们在很多方面都会遭遇冲突，但是大多数人根本没有意识到这一点。这种状况非常令人吃惊，以至于很多冲突都得不到解决。人们通常都是任凭摆布，他们对自己的实际情况毫不知情，不知不觉地对他人妥协或被卷入矛盾中。以上我所指的是没有患神经症的正常人。

因此，在有了一个前提条件后，我们意识到了冲突的存在，并能做出相应的决策。这个前提条件是：我们必须明白自己的意愿是什么，更重要的是，我们必须明白自己的感情内容是什么。对于某个人，我们是真的喜欢，还是认为应该喜欢他所以就喜欢他了？如果父母去世了，我们是真正感到悲伤，还是只是出于习惯表现出悲伤？律师或医生是我们真正想要从事的职业，还是只是因为在我们看来，那种职业是拿得出手和利益较大的？我们是真的期望自己的孩子幸福和独立，还是只是敷衍地表达这种意愿？这类问题看起来很简单，但想要回答却很难，尽管大多数人都意识到了，但依旧不清楚自己的真正感受和真正需求。

只有在具备了一个成形的价值观后，我们才可以对那些冲突有所了解，因为冲突与信念、道德观等因素常常是有关联的。有的观念来自于他人，但未能融入自我观念里，于是很难造成冲突，也难以指导我们做出决策。在我们受到新观念的影响时，这样的旧观念就会被抛弃。

我们内心的冲突

如果我们把别人看重的价值观视为自己的价值观，那么，原本以自身利益为中心的冲突就不会发生了。比如，一个儿子从不怀疑他那小肚鸡肠的父亲，当他的父亲要求他从事某项职业时，即使他并不喜欢这项职业，他的内心也不会有冲突。如果有个已婚男子爱上了一个妻子以外的女人，那么这个男子的心中就产生了冲突。在他无法确定自己对婚姻的信念时，他不会选择去面对冲突并做出决定，而是会选择一条阻力最小的路。

即使对这样的冲突有了相应的了解，我们也必须抛弃冲突中的一方面。但很少有人能够做出取舍，因为他们对自己的感情和信念并不清楚，而且缺乏安全感和幸福感。

人们在做决策时，必须有一个前提条件，那就是决策人自愿并能够对决策负责。即使做出了一个错误的决策，决策者也应当自愿承担后果，并且不会怪罪他人。决策者的想法应该是："这是我自己做的决策，是我自己的事。"大多数人没能达到这项要求，即具有内在的力量和独立性。

我们常常羡慕那些看起来悠然自在的人，他们的内心似乎没有冲突，而我们大多数人都深陷冲突之中。这种羡慕并不是毫无道理的。那些人可能确立了他们自己的一套价值观，或随着时间的流逝，冲突对他们的影响已经消失殆尽，他们也就没有必要去做出决策了，于是他们便拥有了一种看上去镇定自若的气质。但外表很可能只是假象，我们所羡慕的人常常会表现得缺乏热情、随波逐流，抑或是耍小聪明，实际上他们缺少面对冲突的勇气和解决冲突的能力。所以，他们并没有在主观上意识到冲突，只不过是通过投机取巧而占了便宜罢了。

意识到冲突的存在，可能会令人备感痛苦，但不得不说这是一种非常重要的能力。我们越重视冲突并积极寻求解决之道，我们获得的内心自由和力量就越多。我们要想成为自己的主人，就要能面对和解决冲突。我们绝不要羡慕虚假的冷静，那是极其愚蠢的行为，那样会使我们越来越虚弱，以致不堪一击。

如果冲突成了生活的基本问题，那么了解和解决它就会变得愈发困难。但是在原则上，只要活力十足，我们就能面对和解决冲突。在心理教育工作者的帮助下，我们能更全面地认识自身，并发展自身的信念。在了解了影响选择的各种因素后，我们就能确立自己奋斗的目标，从而找到生活的正确道路。在这里说句题外话，如果一个正常人屈服于外界压力而变得愚昧无知，可以给他看看哈利·爱默森·弗斯狄克所著的《做一个真实的人》

一书，相信对他会帮助很大。

在了解和解决冲突时，神经症患者遇到的困难比一般人遇到的艰巨得多。必须要说明的是，确认神经症的关键在于其程度。“已经达到病态程度的人”才是我所说的“神经症患者”。对于自身的感情和欲望，他们的意识已经很薄弱，但当别人击中他们的弱点时，他们通常会做出反应——能够清楚地感受到恐惧和愤怒的情绪。当然，他们也有可能把反应压制下去。还有一些典型的神经症患者，由于深受强制性标准的影响，丧失了决策能力。患者在那些强迫性标准的控制中，已经无法自主做出取舍，完全丧失了对自己负责的能力。（参照第十章：人格分裂）

困扰正常人的普遍性问题，也是神经症冲突会涉及的问题。但那些问题种类繁多，差异很大，所以有人就会怀疑，不同种类的事物用同一个术语来表示是否合适。在我看来是合适的，不过，其间的差异不容忽视。那么，神经症冲突究竟有什么样的特点呢？

举一个简短的例子来说明一下。有一个工程师，他与别人一起合作研究机械设计。他时常感到疲惫和焦躁。在一次技术讨论中，他提出的意见被否定了，相反，他的同事提出的意见被采纳了。没过多久，大家在他不在场时做出了某个决定，而后也没有给他发表自己意见的机会。在这种情况下，人们通常的协调性反应会是反抗不公，或者接受大多数人的决定来维护自己的面子。但这个工程师却没有选择这样处理事情，他并没有做出反应，只是感到愤怒。他的愤怒来自于内心深处，并出现在了梦中。他的这种被压抑的愤怒是一种混合物，既包含对别人的愤怒，也包含对自身软弱无能的愤怒，从而使他愈发疲惫和焦躁。

这个人没有做出协调性反应，是因为他受到了多种因素的影响。他一直认为自己很了不起，然而却没有意识到，只有受人尊敬，才有可能树立起高大的形象。他自认为在其专业领域内，自己的聪明才智无人能及。在他身上，一切轻视都可能会因为触碰了他的底线而激起他的愤怒。除此之外，他有时还会瞧不起别人，在无意识中形成了虐待倾向。当然，他是非常讨厌自己如此行事的，所以他把这种想法隐藏了起来，极力表现出对人友好的一面。另外，他还被一种无意识的内驱力所控制，为了达到自己的目的而不惜利用他人，在他人面前保持体面。此外，他对外界的赞美和友好有着强迫性的需要，再加上自身的妥协与忍让，使得他对别人更加依赖。因此，冲突产生了：一方面是他的愤怒和虐待倾向，也就是具有破坏作用的攻击性情绪和行为；另一方面是他渴望被赞美和友好对待，并企图把自己塑造成一个举止高雅、善解人意之人。结果，隐藏在内心的冲突被激发，表现出身心疲惫的状态，致使他的行为能力全都出现了问题。

我们首先可以看到，影响冲突的各种因素并不存在一致性。既傲慢地要求别人尊敬自己，又对别人讨好服从，这种极端对立的例子是很难找到的。其次，在整个冲突中，他都处在无意识状态。虽然矛盾倾向在冲突中起着作用，但它不仅没有被意识到，反而被压抑下去了。他内心在激战，但在外表看来，只是泛起了一点点涟漪。他受到了感情因素的影响，所以认为只有自己的提议才值得通过，其他人的做法是不公平的，是对自己的无视。再者，冲突的两个方面都具有强迫性。他只要还拥有一点理智，多少也能感觉到自己要求的过分之处，看到自己行为的依赖性。他无法从主观上去改变这些因素，只能通过大量的分析去力求改变。在这两方面，他都受到了控制而身不由己。由于内心的需求太过迫切，所以不管怎样，他都无法忽略冲突的存在。这些需求无法取代他自身真正的需求和追求，他既不想屈从他人，也不想利用他人。实际上，对于这样的趋势，他是不屑一顾的。

因此，这个事例意义深远，对我们理解神经症冲突有很大的帮助。

再来看一个类似的事例。一个从事自由职业的设计员偷了好友的钱，外界对此表示无法理解：他虽然的确非常需要钱，但好友并非不愿借钱给他，并且曾经对他施过援手。这个设计员是个很要面子的人，也很重视友情，因而他偷钱的行为很令人震惊。

发生这样的事，究其原因便是内心的冲突。这个人对温情的渴望是病态的，想要时刻得到他人的关爱和照顾。这种渴望呈现出无意识倾向——想从他人那里获得好处，于是表现出来的行为是：既想从他人处获取感情，又想凸显自己的支配地位。前一种倾向原本是可以使他乐意接受帮助的，但因为无意识的傲慢，他拒绝那样做。事实上，这种自大极其虚弱。他认为，别人能够帮助他是别人的荣幸，而请求别人帮助自己则是一种耻辱。他十分推崇独立自强的精神，所以他对请求别人帮助的行为感到厌恶。他绝不会承认自身所需，也绝不会接受他人的恩惠。显然，他选择了索取，而非其他。

尽管这两个事例中的冲突在内容上有所不同，但究其性质却是相同的，内心的冲突存在于相矛盾的驱力之间，并在所有的神经质冲突中都有所显现。这充分表明了，这些驱力是无意识的、强迫性的，因而，患者无法靠自己解决冲突。

如果一定要为正常人内心的冲突和神经症患者内心的冲突做出界定，那么，两者的主要区别是：对神经症患者而言，冲突双方的差异化远远大于正常人。在两种行为模式之间，正常人不管选哪一种都是合情合理的，是在完整的人格框架内保持统一。换句话说，正常人的冲突中，双方差异化不大于 90 度，而在神经症患者的冲突中，差异化可能高达 180 度。

此外，在意识的程度上，两者也存在不同。就像克尔凯郭尔所说的那样："真实的生活不是通过一些抽象的对比就能描述清楚的，比如，完全无意识的失望与完全有意识的失望之间的对比。"但就主要因素而言，我们可以说，正常人内心的冲突是完全有意识的，而神经症患者内心的冲突常常是无意识的。正常人有可能也会意识不到自己的内心冲突，但只需外界一点点助力，他就能意识得到，而神经症患者则需要克服巨大的阻力，才能将被压制的矛盾倾向释放出来。

正常人可能需要在冲突的两个方面之间，或两种信念之间做出选择，实际上，这两个方面都是他所渴望的，两种信念都是他非常重视的。因此，不论作何取舍，有多艰难，他最终所做出的决定都可能是恰当的。神经症患者在做选择时，就不可能如此轻松了。两股完全相反的力量，以相同强度拉扯着他，而他不愿意选择任何一方，所以，让神经症患者像正常人那样做出选择的可能性很小。于是，他停了下来，感到无路可走。要帮助他们解决冲突，只有先处理他们的神经症倾向，改变他们与他人之间的关系，让他们从神经症倾向中挣脱出来。

综上所述，我们已经知道了为什么神经症冲突会有如此大的强度。这些冲突不仅令人费解，而且让人绝望，最可怕的是它们甚至还会导致人格分裂。当我们对神经症的特点有所了解之后，也可以理解神经症患者的行为了——为了解决冲突而付出一切努力，而这些努力又恰恰是神经症的主体内容。

第二章

基本冲突

在神经症中，内心冲突起到的作用有多大，人们一般都估算不到，而要发现这些冲突并不容易。第一个原因是这些冲突处在无意识中；第二个原因尤为重要，神经症患者并不承认自身存在这些冲突。那么，我们究竟有什么证据去证明冲突的存在呢？在上一章里，我举了两个例子，简单说明了有两个显而易见的因素可以作为证据，其中一个因素就是，最终产生的症状。在我举到的第一个例子中，当事人所表现出来的症状是疲惫；第二个例子中，当事人表现出来的行为是偷窃。实际上，任何神经症症状都证明了内心冲突的存在；换句话说，不管哪种症状，都是内心冲突的直接产物或间接产物。接下来，我们将了解到：如果神经症冲突没有被解决，它将对人造成什么影响？它产生忧虑、压抑、疑虑、迟缓、孤立等状态的过程又是怎样的？对这些问题有了一定的了解后，我们就可以集中精力去探求造成混乱的原因了，尽管我们有可能并不能真正地理解到其本质。

还有一个能够证明冲突存在的因素——患者的自我矛盾。在第一个例子中，当事人确定他人解决问题的方式不对，于他而言是不公的，但他也没有表达自己的意见。在第二个例子中，讲到了当事人非常看重友情，但却偷了朋友的钱。对那些没有丝毫经验的观察者来说，这种自我矛盾的表现是很明显的，但对神经症患者来说，他们通常都意识不到。

如我们所知，体温升高表示机体出现了问题，同样的道理，自我矛盾也明确表明冲突的存在。关于自我矛盾的例子很常见：有一个女孩，她想结婚了，但又躲着追求她的男人；有一个母亲，她对孩子极其宠爱，却总是记不住孩子的生日；有的人对他人非常大方，但对自己却小气得要死；有的人很想独自一人逍遥自在，但又不会想办法制造独处的机会；有的人对他人宽容有度，对自己却异常苛刻。

了解自我矛盾对我们研究冲突的本质有很大的帮助。比如，严重的抑郁所揭露的事实只有一个，那就是患者正处于进退维谷的境界。如果一个母亲对她的孩子非常宠爱，却没有记住孩子的生日，我们就可以认为这个母亲重视的不是孩子，而是如何做一个好母亲。我们甚至可以认为存在这样一种冲突：这个母亲在想做“好母亲”的同时，也给孩子带去了失望，无意识中对孩子造成了伤害。

冲突有时候会在我们面前现形，也就是说，冲突被我们意识到了。这可能与我前面所说的“神经症冲突是无意识的”相矛盾，但事实上，在我们面前现形的冲突只不过是由真正的冲突变形而来的。因此，一个人虽然可以实施其惯用的逃避策略，但他还是必须做出选择，而这时，他就处在了一种有意识的冲突中。和哪个女人结婚？选择哪份工作？要不要维持和某人的关系？这些都令他犹疑不决。于是，他强忍重负，在相互矛盾的两个方面之间徘徊，什么都定不下来。在痛苦时，他就会向精神分析专家请教，希望专家能够帮他摆脱烦恼，但他注定得不到满意的答案，因为这些浮出表面的症状其实是内心真实冲突的大爆发。要想解决当前困住他的问题，就必须深入研究隐藏在其内心深处的冲突。

如果患者意识到自身与周围环境存在矛盾，这就说明患者意识到了内心的冲突，也就是说内心的冲突浮出了表面。或者说，当一个人发现自身意愿被突如其来的恐惧和抑郁阻碍时，他就有可能意识到了内心更深处的冲突。

我们越是了解一个人，就越容易看到他身上的各种症状、自我矛盾以及表面冲突背后的矛盾因素。但不得不说，由于矛盾的数量和种类十分繁杂，我们常常感到困惑。于是我们就想知道：所有冲突的源头，也就是最基本的冲突，是不是就隐藏在这些种类繁多的矛盾背后？我们在研究内心冲突的结构时，可以将其类比为“事故频发”的婚姻。这类婚姻充斥着数不清的争执，从表面上看来，这些争执之间毫无关系，却给家人、亲友、家庭经济和家庭事务等造成了影响，之所以会这样，是因为这类婚姻的基本矛盾激发了各种表面的冲突。

自古以来，人们就坚信人格中存在着基本冲突，这种信念一直影响着各种宗教和哲学。它的表现形式有：光明与黑暗的较量，上帝与魔鬼的争斗，善与恶的对立，等等。在现代哲学中，弗洛伊德对这个理论做出了创新性研究。在他看来，基本冲突的一方是力求满足本能的内驱力，另一方是由家庭和社会所构成的严峻环境。在人们很小的时候，严峻的环境就获得了内化，之后，它就以恐怖的超我状态出现。

如果我们想要进一步研究这个理论的严肃性，就必须阐释所有反对里比多理论的观点。这是弗洛伊德理论的前提，然而在此赘述显然是不合适的，所以，我们暂且把理论前提放在一边，还是先想办法把这个理论本身的意义探究明白。这样一来，我们的焦点就更加集中了：引起繁杂冲突的根本原因是原始的、利己的内驱力与良心之间的对立。这种对立在神经症结构中的地位不可动摇，关于这一点我并不反对，但关于它的基本特性，我的看法与弗洛伊德却是不同的，我将在后文进行阐释。在我看来，虽然这种对立是主要冲突之一，但它是属于继发性的，而非原发性的，而且在神经症的发展过程中必然会产生。

在这里我先说明一点，神经症患者的内心分裂程度，以及患者破碎的余生，都不可能仅用欲望和恐惧之间的冲突来解释。弗洛伊德所提出的这种精神状态表明，神经症患者依然拥有朝目标奋斗的能力，只不过因为恐惧，努力失败了。但我认为，由于神经症患者的意愿是相互对立的，所以他失去了全神贯注地争取事物的能力，于是就产生了冲突（参见《结构性和本能的冲突之间的关系》，弗朗兹·亚历山大，发表于《精神分析季刊》11卷第二期，1933年4月）。如此一来，就出现了比弗洛伊德的设想更为复杂的情况。

比起弗洛伊德提出的基本冲突，我所认为的基本冲突更具有分裂性，但要解决这种冲突，我的观点更有可行性。在弗洛伊德看来，基本冲突是广泛存在的，从原则上来讲它是无法解决的，而人们所能做的，只能是更好地协调和控制自己，但在我看来，最先表现出来的不一定就是基本冲突，即使基本冲突表现出来了，也是可以解决的，只不过有个前提条件，那就是患者愿意面对并努力克服治疗过程中的重重困难。我的理论与弗洛伊德有所不同，是因为我们的出发点不同，并非乐观与悲观的差别。

有关基本冲突的问题，弗洛伊德的回答具有强烈的吸引力，并有一定的道理。抛开他答案中的暗示，关于生与死，他提出的理论可以看作是建设性力量和破坏性力量之间的冲突。但弗洛伊德并不希望这个理论与冲突有什么关联，他更愿意去研究这两种力量是如何混在一起的。比如，他认为，建设性本能和破坏本能的相互作用引发了虐待狂与受虐狂的内驱力。

在研究冲突时，如果运用我的观念，就会涉及道德，但在弗洛伊德看来，道德是毫无科学根据的。他以自己的信念为基础，建立起一种与道德毫无关联的心理学。我认为，弗洛伊德理论和相关治疗方法的范畴之所以如此狭窄，究其原因就是他所做的一切只建立在自然科学的基础上。虽然他已经在这一领域内做了大量的研究工作，但他只看重自然科学的态度还是使他失败了，而他也没有了解到神经症冲突的作用。

相互冲突的趋势深受荣格的重视。受到个体的种种矛盾触发，他发现了一条普遍的规律：任何一种因素都存在着对立的一方。表面柔弱，内心实则刚健；看起来外向，实则隐藏着内向；看起来理性，内心实则感性，等等。在荣格看来，冲突是神经症的主要特点之一，但他同时又认为，两个对立面都要吸收，这样才能更接近完美，因为它们相互补充，而非相互矛盾。他还把神经症患者比喻为搁浅的船，难以得到全面的发展。以上这些观点，都包含在荣格所谓的“补充法则”中。在一个完整的人格里，对立双方都是不可或缺的、相互补充的，这一点我赞同。不过在我看来，其实是神经症冲突引发了这些因素，而这些因素又成了患者解决冲突的方法，以至于患者坚守着这些因素不放。比如，有这么一个人，他比较自我和内向，只在乎自己的感受和想法，从来不关注外界和他人。如果我们把他的这种发展倾向视为真正的倾向——由机体素质所决定并随着个人经历而增强的倾向，那么，我们便无法反驳荣格的观点。想要修正患者的这种倾向，就要把患者隐藏的外向趋势指给他看，并要明确告诉他，两种倾向各自都带有片面性和一定的危害，只有他同时接受两个倾向，才能正确引导他的生活。但是，如果我们认为患者的内倾表现（我更愿意称之为自我孤立）是他远离冲突的方法，而与他人接触就会引发这样的冲突，那么，我们要做的就是分析隐藏在这种内倾表现中的冲突，而不是鼓励他外倾了。想要让内心世界趋于完整，就需要先解决这些冲突。

现在，我要开始阐释我的观点了。神经症患者在对待他人时的态度是矛盾的，我从中发现了基本冲突。我在展开阐述前需要回顾一下杰基尔医生和海德尔先生举到的例子，因为它们生动地表现了这个基本冲突。一方面，我们看到患者们是文明、敏感、饱含同情心且乐于助人的；而另一方面，他们又表现出凶恶、粗暴和自私。当然，并非说所有的神经症患者都表现出此类症状，只是说患者在对待他人时，从根本上会表现出矛盾。

我们先来了解一下被我称作“基本焦虑”的情况，然后再从遗传的角度来加以讨论。在一个隐藏着敌意的世界里，孩子会觉得自己是孤独的，这就是“基本焦虑”的概念，它所描述的是患病孩子的感觉。孩子的这种焦虑受到外界各种不利因素的影响：过于严厉的直接或间接的管教；错误的教育方式；个人要求不受尊重；缺少指导；受到忽视；被过度表扬或不被欣赏；感受不到温情；父母不和，被迫站队；被委以重任或不被重用；被宠溺；与外界隔离；遭遇不公、歧视和欺骗；身处充斥着敌意的环境，等等。

在众多不利因素中，有一个因素我要特别强调，那就是外界的虚情假意。孩子有可能会认为父母表现出来的爱、诚实、大方和仁慈等，都是假象。的确，在孩子感知到的事物中确实会有一部分是虚假的，不过如果其他真实的部分也被他认定为虚假的话，则是由于他发现了父母行为有自相矛盾的地方，久而久之，孩子的成长便受到了影响。当然，这些影响孩子成长的因素一般都是相互联系的，可能很容易就被发现，也可能深藏不露，医生们也只能慢慢探究。

这些外界的不利因素令孩子非常焦虑，为了在这个危险的世界生活下去，他选择了自寻出路。虽然他势单力薄，满腹疑惑，但为了应对环境中的困难，他还是在无意识中找到了自己的方法。准确地说，他找到的不仅仅是应对生活的方法，更是一种持续地占据自身部分人格的性格倾向。这些倾向，我称之为“神经症倾向”。

如果我们只是把焦点集中在个体倾向上，而不去全面地观察身处此类状况中的孩子的发展方向，那么我们就无法了解冲突的发展过程。尽管我们可能会暂时放弃观察细节，但孩子为应对外界环境而采取的主要措施，我们却可以看得一清二楚。一开始，情况可能非常混乱，但到了一定阶段，他们就会逐渐呈现出三个主要的发展方向：亲近他人、抗拒他人、远离他人。

当孩子亲近他人时，他会正视自己的孤立无援。虽然他会自我逃避，满腹疑惑，但他依然渴望温情，或者依赖他人。只有这样，他才会觉得与人相处是安全的。如果他的家人发生争吵，他会选择站在强势的一方，以此获取归属感和支撑感，从而保证自己不至于陷入势单力薄、孤立无援的境地。

当孩子抗拒他人时，他会觉得身边的敌意是理应存在的，于是他选择抗拒。这种选择可能是有意识的，也可能是无意识的。对他人的感情和意图，他深感怀疑，因此竭尽所能地去抗拒。为了保护自己，报复他人，他极力地想要强大起来，以便打败“敌人”。

当孩子远离他人时，他不想亲近任何人，也不想抗拒任何人。在他看来，没有人理解自己，因为自己与他人的相同之处实在是太少了。于是，他构建了一个由自然、玩具、书本以及幻想构成的世界，而这个世界只属于他自己。

在这三种发展方向中，孩子的基本焦虑都源自于某一种被无限夸大的感受，可能是无助感，可能是敌对感，也可能是孤立感。实际上，孩子的内心不会被这三种倾向中的任何一种给填满，因为在一定的条件下这些心态都会出现并发展。我们能够发现的倾向，只是从传统观念中得到的占主导地位的倾向罢了。

如果我们现在对已经充分发展的神经症进行分析，那么事实将变得更加明晰。有些成人很明显地表现出了以上三种倾向中的一种，但同时，我们看到他也受到了其他倾向的影响。如果患者主要表现出依赖和服从，我们还能发现他们具有攻击倾向，并且渴望某种超然的独处。如果患者主要表现出敌意，同时也表现出服从，那么，他也会渴望独处。不合群的人，有可能会充满敌意，也有可能渴望友情。

然而，患者的实际行动正是由占主导地位的倾向所决定的，并在对待他人时表现出来。一个孤独的人只要与他人相处，就会变得怅然若失，不知所措，所以他会不由自主地与别人保持距离。通常情况下，患者最乐意接受的倾向，总是占主导地位的倾向。

当然，这并不代表其他表现不明显的倾向会被削弱。比如，一个特别依赖和服从他人的患者，控制他人的想法不一定弱于对温情的渴望，只是没有直接表现出来而已。事实表明，被隐藏起来的次要倾向也可能具有极大的能量。在很多情况下，主要倾向和次要倾向会发生转换。不论在孩子还是成人身上，都存在这样的转换。斯特里克兰德是英国作家毛姆在小说《月亮和六便士》中塑造的人物，在他身上充分地展现出了主要倾向与次要倾向的转换。这种转换时常出现在女性患者身上。比如，一个桀骜不驯的假小子，一旦陷入爱河，就有可能变成柔弱的女生。又比如，一个不合群的人，在遭遇重大变故之后，有可能会变得非常依赖他人。

在这里，我需要补充说明的是，我们从这些变化中得到了启发，找到了下列问题的答案：成年后的经历是不是无足轻重？我们会成为什么样的人，是否从儿童时期就已经被定型，并且永远无法改变？要想得到更合适的回答，便需要从冲突的角度来研究神经症的发展。如果在儿童时期，家长没有对孩子严加管教，而是放任不管，那么，他人格的形成就会受到未来经历的影响，特别是青春期的经历。反之，如果在儿童时期，孩子受到了家长的严格管教，那么他的人格就已定型，未来经历不会对他造成影响。一方面，这样的孩子总是固执呆板，无法接受全新的体验，比如，孤独使他远离他人，或者依赖思想使他乐于受人控制。另一方面，他总是用固有观念看待新事物，比如，充满敌意的人会把他人的友情视为愚蠢的行为，或是认为他人想要从自己这里获取好处，而这些新经历只会让他愈加执拗。当神经症患者步入青春期或成人期后，他的人格受到经历的影响而有所改变，表现出的态度也发生了变化，但是这种变化并不大。实际上，在内部和外部的双重压力下，他不得不放弃之前占主导地位的倾向，而走向另外的极端。显然，这种变化发生的前提是：冲突的存在。

按照常理，三种倾向不应该产生相斥的现象。我们在生活中，既可以亲近他人，也可以抗拒他人和远离他人，三者理应和谐互补。若是某一倾向获得压倒性的“胜利”，只能说明这个人在某个方向上走得太极端。

在神经症患者身上，很多时候这些倾向都是相斥的。在应对外界时，神经症患者显得非常笨拙。要么服从，要么抗拒，要么远离，他没有多余的选择，也不会主动考虑这些行为是否合适。如果选择其他方法，他反而会惊慌失措。如果表现出了三种倾向，他就会被困在强烈的冲突中。

就像恶性肿瘤逐渐扩散到整个机体组织中一样，无论哪一种倾向都会逐渐扩散到个人生活的各个方面，而非仅限于患者与他人的关系中，这就是冲突范围被严重扩大的原因。最终，这些倾向控制的不仅是患者与他人的关系，还有患者与自身、与生活的关系。如果我们对控制的特点了解不全面，那么其结果就会被我们看成是矛盾的，比如，爱与恨、服从与抗拒等，可是，如此一来我们便走入了误区。这就好比，我们在对法西斯主义和民主制度进行区分时，只看到了它们在同一方面上的不同表现——譬如它们对宗教和权力的态度截然不同——于是便心满意足地得出了结论。事实上，态度的不同只是区分的依据之一，若是以点概面，那就永远也看不到事物真实的面貌：民主制度与法西斯主义是两种相斥的生活哲学。

冲突产生自个体与自我、与他人的关系之中，影响着整个人格。我们的品性、为自己定下的目标以及自我价值都由人际关系决定，反之也影响着人际关系，可以说一切都是相辅相成的。（需要说明的是，既然人际关系与自身态度息息相关，那么，出现在精神疗法刊物中的一个观点就不成立了，即：在人际关系和自身态度中，总有一种在理论和实践中更为重要。）神经症是人际关系混乱的表现，我在《我们时代的神经症人格》《精神分析新概念》和《自我分析》三本书中有所提及和阐述。

综上所述，基本冲突产生于矛盾的态度之中，是神经症的核心。所谓核心，不仅是为了说明基本冲突的重要性，更是因为它是神经症的能动中心。在本书接下来的篇章中，我会进一步阐释这个神经症新理论的具体含义。

第三章

亲近他人

尽管已经了解到基本冲突对于个体的一系列作用，但我们并未看到它的全貌。为了抵抗基本冲突的分裂性力量，神经症患者就在基本冲突的周围建了一道围墙。这样一来，患者就无法看清基本冲突了，基本冲突也无法以单纯的形态表现出来了。也就是说，我们看到的只是试图解决冲突的外在表现，而非冲突本身。因此，如果我们只注重分析患者病史的细微方面，便无法发现隐藏的讯息，而我们能做的也只是对事物本身进行讨论，并不能把问题解析清楚。

另外，我还要进一步对上述章节所提出的概论进行阐述。我们只有在研究了对立因素之后，才能明白基本冲突的含义，想要获得成功，就必须观察各种类型的人。每个类型的人，都被一种占主导地位的因素控制着，而这种因素则勾勒出患者更愿意接受的那个自我。我将这些类型分为三种：屈从型人格、攻击型人格和孤立型人格（此处的“类型”一词是指性格特征明显的人群。我并未在本书中提出某种新的类型论，尽管这是我很想做的事，但前提是它必须建立在更为广泛的基础上）。不论哪种类型的患者，他对于所受控制的态度是我们研究的重点，而他内心深处的冲突，我们并不会刻意地去探索。我们发现，在任何类型中，患者的需求、品行、敏感、压抑、担忧以及某种特殊价值，都是引发自患者对他人的基本态度。

这种研究方法有好处，也有坏处。首先，我们研究的人格类型在态度、反应和信念等方面的功能和结构上表现突出。只有这样，我们才能在类似的病例中轻松地发现这些因素。除此之外，在研究典型的、单一表现的症状时，我们可以很容易地看到三种态度的内在矛盾。我们再以民主制度与法西斯主义之间的根本区别来做类比，如果想要了解这种区别，绝不能拿一个既信仰民主思想，又偷偷渴望法西斯手段的人来做例子。相反，我们会先利用社会主义的宣传材料和实际活动，对法西斯主义做一些了解，之后，才会拿法西斯主义的典型表现同民主制度的典型表现做比较。通过比较，我们对两种思想有了深入了解，此时再去理解那些想方设法在两种信念间寻求平衡之人，就容易多了。

我所归纳的第一种人格是屈从型，表现出来的特点是“亲近他人”。这类人对于温情和赞扬的需求很突出，特别是对“伙伴”的需求十分明显。这个“伙伴”可以是朋友、情人、丈夫或者妻子。总之，“患者对生活的全部希望，都可以由此得到满足，‘伙伴’可以帮助患者判断善恶是非，其最主要的任务是帮助患者控制局面”（卡伦·霍妮，《自我分析》，1942年版）。这些需求反映了所有神经症的共同特征。它们具有强制性和盲目性，导致患者遇到挫折后会变得忧虑和沮丧。这些需求不取决于“他人”的固有价值，也不取决于患者的真情实感，不管这些需求表现得如何不同，对亲近和归属的渴望都是屈从型人格的核心。由于这些需求具有盲目性，屈从型的人往往会忽略掉自身与他人的差异，而总是强化与别人的相同之处，譬如爱好，或是气质。这种误会取决于这类人的强制性需求，而非因为他们愚蠢、呆板或不会观察。有个患者曾画了一张画，她认为自己是一个小孩子，正被一群凶猛的野兽包围着。画这幅图的患者是个女性，她把自己画在图中，显得娇小可怜，一只大蜜蜂想要蜇她，围着她飞，还有一条狗想要咬她，一只猫想要抓她，一头牛想要用角顶她。在这里，这些动物的实际象征显然无足轻重，但我们可以看出，患者最期望获取温情的对象，是它们中最具有攻击性、最令人胆寒的那一个。总而言之，这类人想要被喜欢、被需要、被想念和被爱，尤其会针对某个特定的对象；他想要别人接受、欢迎、赞扬和敬佩自己，甚至离不开自己；此外，他还想要别人帮助自己，保护自己，关爱和引导自己。

当患者的这些强制性需求被医生道明时，他可能认为这些需求是极其“正常”的，他总是能够为自己找到借口。现实生活中，有一小部分人的人格已经被虐待倾向占满了（这一点会在后文进行讨论），他们已经完全失去了对温情的渴望。除了这些人，其他任何人都想要得到帮助，受人喜爱，也都渴望获得归属感，等等。然而，神经症患者错误地认为，抛开一切地去渴望温情和赞扬是真诚的表现，但事实上，他将对安全感的渴望寄托在了这些需求中，而这种渴望并不能从中得到满足。

患者太渴望安全感了，以至于他所做的一切事情都是为了得到安全感。他不断地做着尝试，并在此过程中形成了自己的态度与品行，从而造就性格。在这些品行和态度中，有一部分使他能够敏锐地感受到他人的需求，被称作“给予温情”，当然，前提条件是他在感情上能够理解他人。譬如，他也许会忽略某个甘愿离群索居之人想要独处的需求，却当他人渴望同情、帮助或赞扬时，能够随时挺身而出。他觉得自己已经尽量满足别人对他的渴望了，尽管这种渴望有可能只是他自认为的。正因为这样，他常常忽略掉自己的真情实感。他变得大公无私、无欲无求，甚至敢于自我牺牲，但却无法割舍别人对他的温情需求。他开始过分地服从他人（当然是他能够做到的范畴内），事事周到，处处大方，别人时刻都在赞叹或是感激他。但他本人对此完全视若无睹，因为在内心深处，他认为别人都自私自利，都很虚伪，因而他从未真正地关心过他人。如果用意识的术语来形容无意识的事物，我会说，他自认为爱所有人。然而，他这样显然是错误的，给他带来的不仅是失望，还有强烈的不安全感。

事实上，这些品行并没有他自认为的那么珍贵，他只是盲目地施舍，并没有掺入自己的感情和判断，但他又渴望得到回报。如果没有得到回报，他就会焦虑不安。

还有一种特性与上述属性有所交集，表现为回避他人的不满，逃避争执和竞争。这类患者通常是服从别人的，把自己置于次要的位置，让他人处于主要地位；他总是逆来顺受，从来都无怨无悔（在这一点上，他是有意识的）。渴望复仇和渴望成功的心思，被他压制在了心底。他很容易妥协，没有什么事能让他上心，这样的状态就连他自己都深感诧异。更重要的是，他会主动承担责任，即使不是自己犯下的错，也会责怪自己，而忽略掉自己的真情实感。不论是遭遇无中生有的批判，还是预料之中的责备，他都会自我反省、赔礼道歉。

渐渐地，这些态度变成了压抑感。我们能够洞察到患者的压抑感，因为他避讳所有带有攻击性的行为：不敢坚持自己的看法，不敢批评他人，不敢对他人做出要求，不敢表现自我，也无所追求。此外，他总是围着别人转，压抑感对他造成了困扰，令他无法去做自己想做或喜欢的事。到最后，他会觉得，如果生活没有别人参与，便毫无意义，即使只是吃一餐饭、看一场电影或听一首歌。不用多说，他严格地限制了自己享受生活的权利，不仅让自己的生活变得极其无聊，更让自己变得越来越依赖他人。

上述品行被这类患者理想化了（详见第六章），但他还是拥有一些自己的态度。譬如，他认为自己软弱而且卑微。当遇到必须自己拿主意的时候，他束手无策，看起来很可怜，但多半是真的。很容易理解，如果一个人随时随地都无法反抗，那么变得软弱无能就很正常了。除此之外，他从不隐藏这种可怜，不论是对自己还是对别人，甚至是做梦，他都会梦见自己是值得同情的。他还用这种可怜来引起别人的注意，或者把这种可怜当作自己的盾牌："我是如此弱小，如此无助，你必须要关爱我、保护我、体谅我，千万不要抛弃我。"

在他看来，别人比他优秀，比他更有魅力，比他聪明，比他有更好的教养，比他厉害，这些都是理所应当的。因为他自己拿不定主意，又软弱无能，导致了他的能力大大下降；即使是在自己擅长的领域内，就算他已经获得了一些成就，也会因为自卑而把成就让给别人，同时还会觉得别人比自己更优秀。当遇到具有强烈的攻击性行为或气势汹汹的人时，他会觉得自己无用至极。就算是独处之时，他也把自己看得很低，无论是才华与天分，还是品行与财富。

这类人格的第三个特点是依附性，也就是他下意识地会以他人的看法来评估自己。他对自己评价的高低，取决于别人的褒扬与指摘，而且随时都在变化。别人喜欢他，他对自己的评价就较高；别人讨厌他，他就会看不起自己，别人的任何拒绝对他来说都是毁灭性的打击。如果他向某人发出了邀请，但没有得到回应，他就可能告诫自己理性地去看待这件事，但实际上，他又会用一种特别的逻辑把自我评价降到最低。也就是说，任何批评、拒绝或背叛对他而言都是难以接受的。他害怕别人对他有不好的看法，并会竭尽全力地去挽回。他被人打了左脸之后，还会把右脸凑过去，当然，这只是他按照内心指令做出的举动，而非受虐狂倾向。

他拥有一套特殊的价值观，当然，这些价值观是否明确和坚定，取决于他各方面的成熟程度。这些价值观包含善良、怜悯、爱、大方、无私、谦虚等；而他恨之入骨的是自私、野心、大意、放纵、权利等，与此同时，他又暗自赞叹着这些属性，因为它们象征着“力量”。

神经症患者“亲近他人”所包含的因素，就是上述所说到的那些属性。如果只用一个术语（比如“服从”或“依赖”）来概括这些特点，是很不恰当的，因为这些属性表现的是一系列的思维、感受和行为方式，是生活形态的体现。

我之前说过不去讨论相互矛盾的因素，但是，如果想要更深入地理解患者为何坚守这些自我信念和态度，我们就必须了解患者的对立倾向被压抑的程度。也就是说，我们需要了解事物的背面。在对“屈从型”患者进行研究时，我们发现，患者的攻击倾向被他们自己压抑着。表面上看来，患者对他人很关心，其实他对他人并不感兴趣。他常常蔑视他人，下意识地利用他人、控制他人，甚至想要超越他人、报复他人。当然，这些被压制着的内驱力，在种类和程度上都各有不同。通常，患者在儿童时期的遭遇导致了这些内驱力的产生。例如，根据一份病史报告显示，年龄在 5 ～ 8 岁的神经症患者极易暴怒，而后会慢慢好转，最后表现为过分的服从。然而，由于诸多因素都会引发敌对情绪，攻击倾向也会产生自成年期的经历，或者在成年期会有所增强。对于这一问题的探讨已经超出了本书的研究范围，因此在这里我需要说明的是："自我鄙夷"和"与人为善"只会使自己被糟蹋和被愚弄，依赖他人也只会使自己变得更加软弱。到最后，患者感到自己被无视、被拒绝、被轻视，在他急需温情和赞扬时，希望却成了绝望。

在弗洛伊德看来，患者对压抑的存在是毫无意识的，甚至希望自己永远也不要意识到。基于此理论，我认为上述患者的各种情绪、内驱力和态度都受到了压抑。患者甚至会小心防备着，生怕被压抑着的种种会被别人发现。因此，无论哪种压抑都存在这样一个问题：患者为什么要压抑内心的某些东西？我们可以在屈从型人格中发现好几种答案，但要真正理解，就必须先探讨理想化形象和虐待狂倾向。患者对爱人和被爱的渴望会受到他人的影响，这是我们目前已经看到的事实。除此之外，患者认为所有带有攻击性的行为和自我欣赏的行为都是自私的，他会指责这些行为，并觉得别人也会进行指责。由于他的自我评价建立在他人的看法之上，所以他绝不会贸然地引火上身，被人指摘。

为了消除冲突，创造出统一的、协调的、完整的自我感觉，患者会压抑一切带有肯定意味、报复倾向、勇敢果断等性质的感情与冲动，当然，这只是他们尝试消除冲突的方式之一。我们渴望人格完整，这不是什么神秘的愿望，主要引发自两个因素：第一个是我们的实际需求，也就是说，我们的生活沿着正常的轨迹运行着，但在遇到方向相反的内驱力时，就会被迫改变方向；第二个是我们害怕被分裂，有一种强大的恐惧感萦绕于心。为了突出某种倾向而把其他倾向都统统消除，这是神经症患者企图对人格进行组合的无意识尝试，也是神经症患者解决冲突的主要方法之一。

于是，我们发现，患者为了自己的生活方式不受到威逼，为了自己创造的统一不被打破，他严格地抑制着自己所有的攻击性行为。攻击性倾向的毁灭性越大，就越会被严格地抑制。患者从来不拒绝他人的要求，也总会表现出对他人的喜爱，愿意一直位于次要地位，藏在背后，只会一味地防守，似乎毫无欲求。换句话说，服从和阿谀等倾向越来越强，从而使得患者的强制性和盲目性也愈加强烈（详见第十二章）。

被压抑的各种感情与冲动最终都会爆发，一切无意识的尝试都无法阻止，但对于神经症患者而言，这些尝试又是合理的。患者觉得自己值得他人怜悯，所以总会对他人提出要求，或者在表现出友爱时又暗中对他人进行控制。神经症患者的敌意被压抑到一定程度后会爆发出来，表现为愤怒等不良情绪。这样的结果违背了患者对自身谦卑顺从的要求，但他却觉得这很正常。站在患者的角度来想，他就是对的。他随时都会觉得自己遭遇了不公，无法忍受，因为他不认为自己对他人的要求很过分，他总是以自我为中心。到最后，如果被压抑的敌意累积到一定程度，定然会引发患者的爆发，从而导致多种机体功能失调，比如头痛、胃溃疡等。

因此，大多数屈从型患者都具有双重动机。当患者表现出谦卑时，他隐藏的目的是避免矛盾，以求和谐相处，但也可能是在压抑自我。当他把别人置于主要地位时，他是在服从，也可能是企图利用别人来满足自身的需求，尽管他想避免这种想法。只有深入研究冲突的两个方面，才能解决神经症“服从倾向”的问题。一些持传统观点的精神分析刊物认为：精神分析疗法的本质是“释放攻击性倾向”。显然，他们并不了解神经症结构的复杂性和多样性。他们的理论只适用于研究某种特殊类型的患者群体，在神经症领域中，可行性是有限的。释放是对攻击性倾向的揭露，而非目的，认识不到这一点便会使患者受到伤害。要帮助患者重建完整的人格，在揭露之后，还必须对冲突做出进一步研究、解决。

需要注意是，爱情和性欲对屈从型患者也有所影响。在患者看来，爱情是生活的目的，是值得奋斗的目标。如果没有爱情，生活将会变得无聊透顶、不着边际。借用弗里兹·维特尔说过的话：“在追逐爱情时，其他的一切都已不再重要。”这是他在论证“强迫性追求”时说过的话。如果没有爱情，不管是工作娱乐还是兴趣爱好，都会变得黯然失色、毫无意义。在文明社会中，痴迷于爱情的多半是女性。因此，人们往往会认为爱情是女性独有的欲望。但事实上，对爱情的迷恋与性别毫无关系，这只是一种违背常理的强迫性内驱力，是神经症的一种表现。

如果我们对屈从型人格的结构有所了解，就能明白患者为何会如此看重爱情了，也就能够理解患者拥有

“疯狂想法”的原因了。不得不说，只有矛盾的、强迫性的倾向才能满足他的病态需求——既可以被人喜爱，还能利用爱情控制他人。尽管这种倾向位于次要地位，却能够利用对方的爱意来凸显自我的优越性。他通过这种方式来释放自己所有的攻击性倾向，让自己的行为看起来高端大气，充满友好与善意。除此之外，因为他没有意识到挫折和忧虑来自内心的冲突，因此他认为爱情是解决这些烦恼的良方。在他看来，只要找到了爱自己的人，一切就会好起来。患者这么想，无疑是荒谬的，甚至比荒谬更离谱。我们需要对他的逻辑理解得更加透彻：“如果把我独自留在这个充满敌意的世界上，我的懦弱无能会让我陷入某种危险的境地。只有找到一个爱我胜过一切的人，我才能得救，因为他会保护我，他会理解我，会给我想要的一切，所以我就不需要自我肯定了，也不用提出要求或给出解释了。这么看来，我处于弱势地位并非坏事，我的无能可以换取保护，而我也可以依赖他。如果是为了我自己，我是不会主动做什么事的，但如果是为他，或者是他让我为自己考虑，我会毫不犹豫地去做。”

就这样，患者开始系统地重建思维体系。这些逻辑推理中，有的是经过思考得来的，有的只是凭感觉得来的，还有一些是无意识的，于是他想："对我来说，孤独就是一种煎熬。如果有什么无法和人分享，我就会不快乐，甚至还会感到焦虑和绝望。当然，在周末的晚上，独自看电影或读小说，也是可以的，但在我看来这是一种耻辱，代表没有人喜欢我。因此，我要制订一份计划，不仅是在周末的晚上，而是在任何时候，我都不要一个人待着。只要找到一个对我一往情深的爱人，我就不再孤单了，相信他会帮我摆脱这种煎熬。"

他还会想："我毫无自信，总是认为别人比我更有能力，更有天赋，更有魅力。对于工作，我努力去完成，但始终一无是处，毫无成就。我能完成这些工作，可能因为它们很轻松，也可能是因为我运气好，所以，如果再来一次，我不知道自己还能不能完成它。如果别人真的了解我，就会觉得我很没用，然后不再搭理我。但是如果我找到一个爱我的人，他对我非常重视，那么别人便会对我另眼相看了。"爱情实在太过诱人了，患者将它抓在手里紧紧不放，而放弃了改变自我的各种艰难的尝试。

在这种情况下，性行为不仅具有生物性的功能，还证明了自己"被需要"。屈从型患者越是孤僻（恐惧感情），或者越是对被爱不抱希望，他的爱情就越有可能被性行为代替。在他看来，那是亲近他人的唯一方法，显然，他高估了这种方法的作用，就像他高估了爱情一样。

人们的研究通常会走向两个极端，一个是把神经症患者对爱的过分看重视为合理之事，第二个是把爱欲定义为“神经症”。如果能够谨慎地避开这两个极端，那么，我们就会发现，屈从型患者对爱的需求是符合其生活逻辑的。在神经症病症中，我们通常能够发现，不管患者自身有没有意识到，其推理都是无懈可击的，错误的只是出发点而已。患者认为自己需要的是温情，凡是与此有关的事物，他都认为值得去爱，甚至排除了攻击性和破坏性倾向，当然，他是错误的。换句话说，他无视了整个神经症冲突，他期望把冲突造成的不利结果消除掉，且不改变冲突本身。神经症患者为了解决冲突不断地做出尝试，但无一不带有以上的态度，这也正是神经症的特性之一，这也是患者一切努力都付诸东流的原因。对于通过爱情来解决冲突的方法，我想多说一句，如果屈从型患者真的能找到一个同伴，而这个同伴的神经症与其互补，有力量也有温情，那么，他的忧虑就会有所减少，从而在一定程度上感到快乐。当然，大多数情况并不会那么理想，他想要在世俗中找到天堂，这种想法只会令他更加不幸，他很可能会破坏美好的爱情，因为他把冲突带了进去。爱情关系至多只能缓解他的忧虑，如果冲突得不到到解决，他便不可能朝着正确的方向发展下去。

第四章

抗拒他人

现在我们来探讨基本冲突的第二个方面，也就是“抗拒他人”的倾向。首先，我们需要研究的是攻击性人格类型。

屈从型人格的一个主要特点是：患者认为人都是“善”的，但又接二连三地遭遇了相反的现实，他受到了严重的打击。同样地，我们发现，攻击型人格也有一个相似的特点：患者认为人都是“恶”的，且绝不会承认自己的想法是错的。他认为生活就是一场竞赛，人人都拼命向前，唯恐落后。他勉强能承认有少数人是例外。有时，人们一眼便能看出他的态度，但大多数时候都被他的礼貌、正直和友好迷惑了。这就好比阴谋家使的权宜之计，虚虚实实无从分辨，还掺杂着神经症的各种需求。这类神经症患者企图让他人都认可自己的“好”，虚伪中似乎又带着一丝真实的渴望，尤其是当他发现所有人都已觉察出自己的控制欲之后。不难看出，患者对温情和赞扬还是渴望的，只不过这种渴望服务于攻击性的目的。屈从型患者的价值观符合社会认同的道德标准，因此，屈从型患者并不需要这种外在的掩饰。

与屈从型患者相同，攻击型患者的需求也具有强迫性。患者的需求是由焦虑引起的，我们必须强调这一点，因为在屈从型人格中，主要倾向是恐惧，但在攻击型人格中却并非如此。在攻击型患者看来，一切事物都充满着危险，只是轻重缓急有所不同罢了。

他的焦虑引发了需求。他认为人生就像达尔文说的那样，弱肉强食，适者生存。能否生存下去，很大程度上取决于人类的社会文明，但不管怎样，首先都是为了个人的利益而奋斗。因此，控制他人的基本需求就产生了，且控制手段也层出不穷。有的人直接把大权掌握在手里，有的人通过关爱或施恩的方式来间接地控制他人，还有的人则更愿意在背后进行操控，手段巧妙，深谋远虑，他懂得运筹帷幄，什么事都不在话下，依靠天赋和相互冲突的各种倾向来控制他人。譬如，一个带有自我孤立倾向的攻击型患者，通常会避免直接控制他人，因为直接控制会使他与别人产生亲密接触。进一步来看，如果他的意愿是在背后进行操控，就说明他具有虐待狂倾向，因为只有这样，他才能通过利用他人来达到自我的目的（详见十二章）。

他想要比别人更出众，获得更多的赞誉，拥有更显赫的地位，做什么事都能成功。在一定程度上看来，他这么做的最终目的是获得权力，特别是在一个充满竞争的社会里，成功和名望往往意味着权力。当患者获得了别人的认同和欣赏后，他便认为自己的努力没有白费，他从中获得了力量。同屈从型一样，攻击型患者的重心也偏离了自身，不过这两种类型的患者渴望得到的认可，在种类上是不一样的。实际上，不管是屈从型还是攻击型，患者的渴望都是竹篮打水。有的人获得了成功，但还是会忧虑，这使他们感到困惑，不仅是因为他们缺乏心理学常识，更因为在一定程度上，他们把成功和名誉视为判断标准。

攻击型患者的需求包括：利用他人、控制他人以及使他人利己。不管身处何种场合与关系中，也不管是面对金钱、名誉、交往还是创意，他的想法都是："这些可以给我带来什么？"他有意识或无意识地认为，所有人都是这样的，自己只不过是比别人做得更全面。攻击型患者的性格与屈从型患者完全相反，他是顽固而坚韧的，至少看起来是这样。在他看来，不管是自己的感情还是别人的感情，都只是多愁善感罢了，爱情也无关紧要。当然，这绝不是说他没有爱过，也不是说他从来没有同异性发生过关系或结过婚，而是说他最在意的是找到一个能够激起他欲望的伴侣，他可以通过这个伴侣的魅力、名望或财富来提高自己的地位，他认为对他人表示关心完全没有必要。他想的是："我凭什么要关心别人？他不能自己关心自己吗？"在伦理学中有一个经典的命题：两个人同时在一只木船上，但只有一个人可以活下来，他们应该怎么办？如果同攻击型患者讨论这个问题，他会选择保护自己，让自己活下来，他觉得只有傻子和虚伪的人才会牺牲自己。他会努力克制自己的恐惧心理，更不会承认自己有所畏惧。他害怕小偷，但他会强迫自己在一座没有人的房子里待着；他怕骑马，但他会坚持坐在马背上，直到恐惧感消失；他很怕蛇，但他为了克服这种恐惧，会刻意走进有许多蛇的沼泽地。

屈从型患者是亲近他人，而攻击型患者是不顾一切地与他人争斗。在与别人争斗时，他兴趣盎然，小心翼翼，绝不会承认自己是错的，即便拼上性命也值得。特别是在被逼无奈时，他会表现出"英勇"的一面，转守为攻。攻击型患者只能赢不能输，这与不求胜利的屈从型患者完全相反。这两个类型的患者的共同点是：他们都没有过失感。不过在遇到问题时，屈从型患者会责备自己，而攻击型患者会把责任推给别人。屈从型患者并没有真的认为错在自己，他只是不由自主地去责怪自己。当然，攻击型患者也没有认为别人错了，他只是下意识地认为自己是对的，就像一支军队需要在安全的阵地发起进攻一样，他需要这种主观上的自我肯定。他会觉得，承认一个不用必须承认的错误是愚昧无知和懦弱无能的表现，并且无法原谅。这类患者拥有强烈的现实感，这和他信奉“现实主义”不无关系，而这种现实感让他认为世界充满敌意，自己必须奋起抵抗。他人的雄宏才伟略，抑或是愚蠢贪婪，凡是有可能阻碍他实现自我目标的事物，他绝不会视而不见。在这个竞争激烈的文明社会中，比起礼貌和教养，他的做法并不鲜见，而他也认为自己是现实主义者，理应这样做。毋庸置疑，他和屈从型患者一样，都是不完美的。他非常重视策略和预知，这是他现实主义的另一方面。正如一个优秀的谋士一样，他随时都在预测自己的胜算、对手的实力，以及可能存在的陷阱。

在他看来，自己是最强、最聪明的，以及最受人尊重的，因此，为了证明自己，他总是想要把自己的才能发挥到极致。对于工作，他兢兢业业、一丝不苟，常常能得到领导的青睐，或者让自家生意蒸蒸日上。其实他这样专心地工作很可能只是一种假象，只是他为了达到目的而使用的一种手段。他并不热爱工作，更不会乐在其中。与此同时，他极力地排斥一切感情，而这种对感情的强行排斥会出现双重的影响：其一，它显然是患者追求成功的手段之一，只有排除了感情，他才可以心无旁骛地创造财富、追逐权威和名誉，如果任由感情介入，他的计划便有可能被打乱，成功的机会便有可能减少。在通往成功的路上，感情用事也可能会使他羞于运用计谋，甚至会使他放弃追求，投身于自然和艺术之中，又或者让他开始结交朋友，而不再利用他人。其二，对感情的排斥定然会使他越来越缺乏热情，从而破坏他的创造性，对他的个人追求造成不利的影响。

攻击型患者总是直抒己见，对别人颐指气使，从不掩饰自己的愤怒，更懂得自我保护，所以他给别人留下的印象是：他毫不压抑自己。但事实上，他的压抑绝不会比屈从型患者少。这类患者的压抑来自于感情，表现在社交能力、恋爱能力、表达感情的能力以及善解人意和同情心等各方面，在他看来，无私的享乐根本是在浪费时间。

他觉得自己是强有力的、诚实的以及现实的。如果我们站在他的角度来看待事物，那他就是正确的。从他的观点出发，他认为力量源自无情，诚实就应该对他人毫不在意，为了达到目的就应该不择手段，这就是现实。这样看来，他的自我评价完全符合他的逻辑。他直白地道出了别人的虚伪，这也是他自认为诚实的另一个原因。在他看来，人们对工作的热情和仁慈之心等都是虚伪的。不仅如此，他若是想让那些所谓的“公益精神”或“宗教美德”原形毕露，也并非难事。他的价值观就是以弱肉强食的哲学为基础。强权就是真理，仁慈和宽容都一无是处，人就是狼。实际上，这种价值观和纳粹主义的观点是差不多的。

攻击型患者排斥的不仅是同情与友善，还有这两种态度的变异形态——服从和阿谀。我们无法判断他是不是真的好坏不分，因为他有自己的逻辑。如果他遇到一个性格友善而且强大的人，他会有所洞察，并对其表示尊敬。但问题是，他又认为在这些方面表现得太过是非分明，只会对自己不利。在他眼中，他所排斥的是他在生活竞争中无法掌控的东西。

那么，他为什么要如此决绝地排斥这些温和的感情呢？当看到别人表达感情时，为什么他会感到厌恶呢？当有人表露出对他的怜悯时，为什么他会不屑一顾呢？

他对待这些感情的方式，就像对待乞丐一样将它们扫地出门，因为他不敢直视自身的现状。当然，他也可能会对乞丐破口大骂，表现出自己对乞丐的恶意，而且不会给乞丐一分钱。这些反应都是攻击型患者的特征，在治疗过程中很容易就能发现，特别是攻击性倾向得到缓和的时候。对于他人的“温和”，他其实是矛盾的，他会因此看不起别人，但又很乐意看到别人能这样做。因为这样一来，他在追求个人目标时，就会无所顾虑。但是，就像攻击型患者吸引着屈从型患者一样，为什么攻击型患者也会被屈从型患者所吸引？因为他受到了内心的驱使，想要打败自身的温和感情，所以激发出了如此强烈的反应。对于这些内驱力，尼采做过很好的解释，他让患者把一切形式的怜悯都视为一群由内向外起作用的敌人。在攻击型患者看来，“温和”不仅仅是指柔和与同情，还代表了屈从型患者的需求、情绪和原则等。譬如，攻击型患者感受到自身的感情，于是他觉得应该帮助乞丐，想为乞丐做些什么，但他还有一个更强烈的想法，就是排斥所有的感情，所以，到最后，他不仅没有给乞丐一分钱，还对乞丐恶语相向。

为了获得“温情”，屈从型患者希望把不同的内驱力融入爱里，但攻击型患者则希望能够提升自己的名誉。

享有名誉不仅能让他实现自我肯定，还能带给他另一种可能性——得到人们的认可与喜爱，从而使他自己也开始对他人产生好感。对他来说，享有名誉是解决冲突的途径之一，他绝不会放弃提升自己的名誉。

在逻辑上，攻击型患者和屈从型患者差不多，所以，在这里只需要稍作解释便可。在攻击型患者看来，所有的怜悯、所有为做“好人”而履行的义务，以及所有的忍气吞声，全都与他的生活方式相矛盾，而且还会影响他基本的信念。此外，这些对立倾向破坏了他精心守护的平衡与统一，让他不得不面对自己的基本冲突。最终此消彼长，温和倾向被压制，攻击性倾向得到增强，并且具有了更加强大的强制性。

无论是屈从型还是攻击型的特性，都给我们留下了深刻的印象，而这两种类型恰好是两个极端。一方所喜欢的，恰好是另一方所厌恶的。一方把别人当成朋友，一方对别人充满敌意。一方为亲近他人不惜牺牲一切，另一方把抗拒刻进了骨子里。一方胆小无能，另一方无所畏惧。一方信仰仁爱，另一方却固守弱肉强食。但无论是哪种类型的患者，他的选择从一开始就是不自主的、强制性的、无法变更的，都是心之所向，而且毫无缓和的余地。

我们已经探讨了两种人格类型，对于基本冲突的含义，以及对在两种不同类型中基本冲突的两个方面所占的地位也已有所了解，接下来我们需要做的，是描述这样一类人：这类人内心的两种对立倾向气势相当。很显然，这类人会遭遇两种方向相反的内驱力，他完全无法承受，于是人格被分裂，思维也完全崩溃。为了保全自己，他想到了一个解决冲突的方法，那就是他把某种内驱力消除掉，但最终的结果是，要么变成屈从型的人，要么变成攻击型的人。

以荣格的理论来分析这类人，这种单方向发展是完全行不通的，虽然看上去这个推论并没有什么错。然而，荣格的观点在内涵上就出了错，因为它的基础——对内驱力的理解——是错误的。荣格理论片面地认为，在治疗过程中，患者需要在医生的帮助下接受内心倾向的对立面。荣格想要通过这个环节使患者保持自我统一，然而我们的答案是：患者的确需要通过这种方式来力求最终的整合，但这个环节的目的是让患者正视自己的冲突，让他不再逃避冲突。荣格对神经症倾向的强制性虽然有所考量，但显然并不准确。“亲近他人”和“抗拒他人”二者之间，并不单单是“弱势”与“强势”的区别，也不只是荣格认为的“女性气质”和“男性气质”的区别。

对于任何一个人而言，内心都会同时潜藏着服从倾向和攻击倾向。在没有强制性内驱力的情况下，患者自身是能够完成一定程度上的人格整合的，当然这需要付出极大的努力。但是，如果这两种倾向都已经达到了神经症症状的程度，那么它们带来的就只会是伤害。两件坏事放在一起，不可能变成好事，同样，两个相互冲突的东西放在一起，也不可能形成和谐的整体。

第五章

远离他人

渴望独处，是基本冲突的第三种类型，也就是远离他人。首先，我们需要了解一下神经症中对于自我孤立的定义，然后再继续研究此种类型。很明显，这种类型患者的病症并不是偶尔渴望独处，实际上，所有认真对待自己和生活的人，都会有想要独处的时候。如果说我们对此感到难以理解，那是因为我们受到了现代文明的影响，身处繁杂的社会生活之中。不过在哲学和宗教领域内，这种要求是被认可的，是可以促进自我完善的。当然，神经症患者所渴望的孤独并不具有如此重大的意义。大部分神经症患者害怕深入了解自己的内心，因此也无法享受具有建设性的孤独状态。若是人际关系变得异常紧张，那么人们就会为了远离这种紧张关系而寻求孤独，但神经症的表现却是渴望独处。

很多精神病医生认为，严重脱离群体者身上的某些典型的、特殊的表现，就是孤立型患者的特征，其中最明显的特征是远离他人。由于患者特别强调了这一点，所以它吸引了我们的注意力。事实上，比起其他类型的患者，孤立型患者并没有更加远离他人。在之前已经探讨过的两种类型中，哪一种更远离他人，我们不好判断，但这种特征在屈从型神经症里是被隐藏的，如果患者发现自己在远离他人，他就会惊慌失措，因为他强烈地渴望亲近他人，确信自己与他人之间是没有距离的。换句话说，远离他人只是说明人际关系失调，这是所有神经症的共同特征。总之，人际关系失调的严重程度决定着人与人之间的疏远程度，而与神经症类型并无关联。

远离自我，也被认为是孤立型神经症的特征之一，表现为对感情的麻木，对自身处境以及所接触到的一切事物都毫无认知。其实，这种特征也是所有神经症类型所共有的。就像风筝断了线，任何人在患上神经症后，都必定会与自我失去联系。在海地的神话传说中有一种通过巫术复活的尸体，叫作还魂尸。做个不恰当的比喻，那些自我孤立的人就如同这还魂尸一般，尽管还在工作和生活着，却已经失去了生命。其他类型的患者就并非如此，他们可能拥有丰富的感情生活。基于此，我们不得不说，远离自我只存在于孤立型人格之中。除此之外，寻求孤独的人还有一个通病，他们在自我欣赏时，总是伴随着一种客观的态度，就像是在欣赏一件艺术品一样。或许可以这样去描述：他们对待自己的态度与对待生活的态度相一致，他们是自我的“旁观者”。因此，他们对自己内心冲突的观察往往是很到位的。能够证明他们在这一方面表现突出的依据是：对于梦境，他们有着非同一般的理解力。

孤立型患者特征的关键之处在于，他们的内心需求是与他人保持一定的感情距离。确切地说，他们早已有意无意地做好了决定，不会与他人产生任何感情关系，不论是爱情还是对抗，合作还是竞争。他们画地为牢，谁也走不进他们的圈子。从表面上看，他们能够同别人正常相处，可一旦有外界的事物企图闯入他们的圈子时，他们就会因为需求的强制性而深感焦虑。

他们的需求和言行都遵循着一个准则，那就是：不参与。渴望强大是此类患者最明显的特征之一，表现为深谋远虑、才智过人。攻击型患者也不乏这样的能力，但两者的不同点在于精神状态。对攻击型患者来说，强大是他反抗世界和打败他人的前提条件；对孤立型患者来说，强大只是为了生存，是用来补偿自我孤立的唯一方法。

然而，有意识或无意识地克制自我的需求，是无法让自己独立而且强大起来的，但这种情况仍时常发生。要想深入了解出现这种情况的原因，我们必须要看到被患者隐藏起来的原则：绝不亲近任何人或事，以避免某人或某事变得不可或缺。若非如此，自我孤立的原则就会被打破，因此他们就认为还是不要去管别人了。一个自我孤立的人依然可以享受真正的快乐，但是如果他的快乐源自别人，那他宁愿不要。有时，他也会和朋友一起消遣，共度傍晚时光，但他其实是不喜欢社交活动的。同样，他远离竞争，不求功名，对自己的吃喝拉撒等生活习惯进行限制，因为他想减少生活支出，使自己用不着耗费多少时间和精力就能够挣到刚刚好的生活费。他非常讨厌生病，因为在他看来，生病会使他依赖别人，这是一种耻辱。对任何事情，孤立型患者都想要第一时间了解到，而不是从别人那里获得消息。他只相信自己亲眼所见和亲耳所闻的。当然，这种态度还是有助于培养独立精神的，但前提是不要发展到荒唐可笑的地步，譬如，在迷路时坚决不向别人问路。

保护隐私是孤立型患者的一个特殊需求。他的房间门上总是挂着一个牌子，上面写着“请勿打扰”，就像是一个住旅馆的房客。他甚至把杂志和书籍也当作外来的侵略者。如果有人询问他的个人生活，不论哪个方面都会使他备感震惊，他总想以个人隐私为借口，把自己藏起来。我曾听一位患者说起，在他小时候，他妈妈告诉他，上帝可以透过屋顶看见他咬手指，当时他已经45岁了，还在嫉妒上帝拥有洞悉万物的才能，并且从不谈论自己的生活，就连最细枝末节的事情也不会谈及。当孤立型患者发现自己并没有受到特别关注时，他就会气急败坏，觉得自己独特的个性被别人忽视了。实际上，在工作、睡觉或吃饭时，他总是更愿意独自一人。他害怕受到他人的影响，因此不愿意把自己的经验拿出来与人分享，甚至是在听歌、散步或交谈的当下也感受不到快乐，而只在事后回想时才会觉得开心。显然，这些特征与屈从型患者完全相反。

孤立型患者最明显的需求是绝对独立，渴望强大和保护隐私其实都服务于这一需求。他觉得绝对独立是非常有意义的事，认为不管自己多么软弱无能，也不能像机器人一样任人摆布，这也是绝对独立的价值所在。他自恃清高，拒绝迎合他人，也不会参与任何竞争。他错误地把独立当成了目的，而忘记了一个事实：独立的最终价值在于它能做出什么贡献。他的独立只不过是远离他人的表现之一，不受约束、不被强制，也不用履行任何义务，显然，他的目的是消极的。

同其他类型的神经症倾向一样，孤立型患者对独立的渴望也带有强制性和盲目性，主要表现为：对于所有与强制、影响、义务等相似的事物，患者都会极为敏感，而他自我孤立的程度，正好是由他的敏感程度来决定的。不同的患者所感受到的限制也会不同，对于与身体有关的限制，如穿衣打扮之类，都会让患者感受到压力。如果患者的视线被挡住，他就会产生一种被幽禁的感觉。当处于隧道或矿井中时，他会感到忧虑焦躁。对于幽闭恐惧症，我们无法用“敏感”来解释，但可以把它视为病因之一。孤立型患者会竭尽全力地远离长期义务，比如，当他面对一个超过一年期限的合同或协议时，他会畏首畏尾，感到十分痛苦；面对婚姻大事时，他更是无法做出决定。对渴望孤独的人来说，不管在什么情况下结婚都是极其危险的，因为结婚会使他处于一种极为密切的人际关系中。当然，如果患者渴望得到保护，或者确信另一半完全符合自己的特殊要求，那么结婚也可能不那么危险。在做出结婚的决定之前，患者往往会惶恐不安。时间也会对他产生强制性的效用，他充满紧迫感，却总是想尽办法迟到五分钟，无非就是想要感受一下自由。时刻表之类的事物在他看来等同于威胁。孤立型患者喜欢这么一类故事：有一个人，他从来不看时刻表，他随便什么时候去火车站都行，即使要等下一班火车也无所谓。如果有人想要他去做某件事，或者按照某种方式做事，他都会很不高兴，极其反感，不管这个想法是他人的诉求，还是自己的臆想。他可能会在平日里送人礼物，但在别人生日或圣诞节时却会忽视，只因为他觉得别人在生日或圣诞节时会对礼物有所期待，就像定好的时刻表一样。他难以接受约定俗成的行为准则或传统的价值观，为了避免争执，他会表现得与他人无异，但在心里，却坚决抵制着人们习以为常的制度和规则。最后，别人给他的意见或劝告，不管是否合乎心意，都会被他视为一种控制，激起他的抵抗。不管是有意识的还是无意识的，他的所有抗拒都源自一个诉求：打败他人。

虽然在所有类型的神经症症状中都能看到患者对优越感的渴望，但因为这种渴望与卓越出众有着内在关联，因此在孤立型神经症中，对优越感的渴望更为强烈。我们常常把孤立与优越联系在一起，比如日常说到的“象牙塔”等词汇以及很多口头禅等，都带有这样的意味。如果某种自我孤立毫无价值，既不能让人变得更加智慧、更加强大，又无法带来傲视群雄的感受，恐怕没有人会接受它吧？临床经验告诉我们，如果患者失去了优越感，不管是因为某一次失败，还是内心冲突的加剧，他都会再也不能忍受孤独，而变得渴望温情和保护，从而奋不顾身地向他人求助。在孤立型患者的生活中，这种情况时常发生。在十岁或二十几岁的阶段，他可能会有几个关系不温不火的朋友，但总的来看，他还是较为孤单的，当然也会相当悠闲。幻想未来，是他经常做的事。他渴望将来能干出一番大事业，但是这些幻想分分钟就会被现实砸碎。尽管他在高中时名列前茅，但是上了大学后，面对更加残酷的竞争，他选择了退缩。他第一次恋爱惨遭滑铁卢，他就认定年龄越大，梦想越远，于是，他对孤独忍无可忍了。由于受到强制性内驱力的影响，他变得极其渴望关爱，渴望异性，渴望婚姻。面对爱情，他甘愿委曲求全。当这种患者来寻求分析治疗时，他的表现会异常明显，但他又被允许医生触碰到这部分，他只是想要医生帮他找到一种爱，不管是什么形式的都可以。他只有在感受到自己比从前更有力量时，才会感到有所慰藉，并重新认定自己更乐意独自生活。在别人看来，这是旧疾复发，他又进入到新一轮的自我孤立的状态。但事实上，他第一次找到了说服自己的理由，并勇敢地承认自己渴望孤独，这是个极好的治疗机会，医生等待的就是这一时刻。

对于优越感，自我孤立的人有着某些特定性质的要求。事实上，他并不想竭尽全力地达到超然出众的状态，因为他害怕竞争。相反，他认为自己不需费尽心思，别人就能一眼看出他高雅的品质。换句话说，他觉得自己没有必要刻意地表现自身的优点，因为即使自己把优点藏起来，别人也能够察觉得到。他的梦境常常类似于这样：在遥远的地方有一座房子，里面藏有无数的珍宝，于是，鉴赏家们大老远地赶来，只是为了一睹珍宝的风采。和所有内嵌优越感的事物一样，他的梦也会受到现实生活的影响：藏起来的珍宝代表的是他的理智和感情，被他圈起来保护着。

他的优越感还表现为：他会给自己贴上“独一无二”的标签，追求“标新立异”，从而形成了“自以为是”的态度和认知。他觉得自己就像生长于顶峰的一棵大树，而不像山脚下的树木那样，生长备受限制。面对人群，屈从型患者很在意对方是否喜欢自己，攻击型患者只会想着对方的力量如何，而孤立型患者关注的则是：“他会妨碍我吗？会让我静静地享受一个人的时光吗？”最好的例子就是培尔·金特的故事（培尔·金特是易卜生创作的戏剧作品《培尔·金特》中的主人公），它暗示了孤立型患者陷入群体生活后所感受到的恐慌。不管怎样，在人群中能拥有一个“保护壳”终究是好的，但如果把它扔进熔炉重铸，变成别的模样，他便会感到惊恐。他以为自己和东方地毯一样，珍贵又独特，纹路和颜色都独一无二，并且永远不会被改变。他没有受到环境变迁的影响，这是他非常骄傲的事情，并决定始终这样抗衡下去。出于对“不变”的追求，孤立型患者把所有神经症特有的僵化性视为神圣，并顶礼膜拜。他迫切地想要扩张自己的生活模式，想让它不含一丝杂质，并能独树一帜。基于此，他拒绝了所有外部环境的介入。培尔·金特有一句可笑的格言：“为了自己，这就够了。”

与其他类型的患者不同，每个自我孤立型患者的感情生活缺少一致性，并且差异还很大，原因在于：前面两种类型都带有明确的目的性，屈从型患者追求的是温情、亲近和爱，攻击型患者追求的是生存、控制和成功；而孤立型患者所追求的事物带有否定性，他拒绝他人参与，也绝不允许自己受到别人的影响。因此，在这样的情况下，就算他的感情尚能生存发展下去，也只能是由小部分内在倾向所构成。

孤立型患者不承认感情的存在，他表现出的倾向是压抑所有的感情。我想引用诗人安娜·玛利亚·阿密的一个小说片段来做说明，虽然这部小说目前还没有发表。这段文字不仅简单地呈现了这种倾向，还把孤立型人格的其他典型态度也表现了出来。在回忆自己的青春时，主人公说道："那时，我已经很清楚我和父亲之间存在着血缘关系，我也能够感受到我和崇拜的英雄之间存在着精神关联，却始终无法体会到这些联系中蕴含着何种感情。在我看来，感情压根就不存在。人们常常说自己拥有感情，这不过是个谎言罢了，他们总是在很多事情上撒谎。听完我的话后，B女士很震惊，问道：'对自我牺牲这样的事，你又怎么解释呢？'我诧异了好一会儿，她的这句话竟是如此正确。后来，我得出了结论：自我牺牲要么是人们编织的谎言，要么就是一种生理行为或精神追求。那时，我总希望将来能独自生活，绝不结婚，还要变得更强大、更冷静，不用多说什么，绝不求助于人。但我不想再做梦了，我想要活得现实一些，想要获得更多的自由，所以我必须努力拼搏。在我看来，道德是没有任何意义的，只要是真实存在的事物，管它是好还是坏，又有什么关系？人最大的过错是乞求别人怜悯自己，渴望得到别人的帮助。心灵于我而言就像是一座神庙，总会有一些奇怪的仪式在里面进行着，只有神庙里的僧侣和守护者才明白其中的含义，我必须对神庙严防死守。”

自我孤立型患者对感情的排斥，主要基于他对别人的爱与恨。他能够有意识地体会到爱与恨，并且感受强烈，这会让他走向两个极端：接近他人或敌对他人。因此，他如果要与别人保持感情上的距离，就必须排斥感情。或许，用H．S．沙利文的“距离机制”一词来形容这个现象更为合适。当然，孤立型患者的感情在人际关系以外并不一定会受到压制，因此，在书籍、动物、自然、艺术、食物等领域中，他会表现出明显的兴趣。值得注意的是，会有一些特殊的情况发生。当一个感情丰富之人想要抑制部分感情，尤其是最重要的感情之时，他必须将所有的情感统统抑制住。如果说这只是一种推测，那么，接下来说到的就是事实。在尚还拥有创造力的时候，孤立型人格的艺术家是能感受到感情的，也能表现出对这种感情的感受，但正如上文所讲，往往在青少年时期，他们就渐渐失去了对感情的知觉，并开始坚决排斥感情。通常，这类艺术家曾经企图与他人建立起密切的关系，但在遭遇失败后，他们有意识或无意识地变得愈加孤立。换句话说，不管是有意识还是无意识，他们都决定要与他人保持一定的距离，或者任由自己孤立下去。然而，他们的巅峰时期往往就在这种时候。此时，他们与人保持着安全的距离，便有了发泄感情的空间，尽管这些感情与人际关系并没有直接的关联。由此我们可以看出，早期对感情的排斥导致了孤立型患者后来的自我孤立。

除了人际关系外，还有一个原因会导致感情受到压制，我们在前文已有所提及，凡是让孤立型患者产生心理依赖的欲望、兴趣和愉悦，在他看来，都会导致自我背叛，所以他会把这些情感全部压制起来。为了确保自由，在表达感情之前，他会对当前的形势进行谨慎地分析。当他认为独立受到威胁时，便会将感情之门紧锁起来。不过，若是形势对自由无碍，他也会乐于接受。在这些情况下，可能会产生一些深切的感情体会，这在梭罗的《瓦尔登湖》里有所表现。有时，孤立型患者会变成禁欲主义者，因为他害怕自己的自由在享乐时受限。这种禁欲主义非常特殊，自我否定或自我折磨并不是其目的，或许把它称为自我限制要更准确一些。当然，假如我们认可它的理论前提，那么它便是合理的。

自发的情感体验是需要被认可的，这对保持心理平衡非常重要。以创造性为例，它是治疗神经症的方法之一。最初，患者的创造性受到了压制，在经过分析治疗之后被释放出来，他会因此受到很好的影响，甚至会出现奇迹。当然，我们必须严谨地评估这种治疗的效果。首先，这种治疗方式对自我孤立型患者不一定合适，让治疗手段普遍化，这是错误的（丹尼尔·席来德尔，《神经症类型的转变对创造性才能和性能力的扭曲》，1943年5月26日）。如果从影响神经症的基本因素来分析，这种治疗方式所达到的效果算不上治愈，它提供给患者的只是一种调试得稍微好一些的生活方式，使得患者更加满意。

患者越是抑制感情，越有可能是在强化所谓的理性。他想要的状态是：用理想思维解决一切问题。在他看来，自己身上的毛病，只要意识到了就可以纠正；或者遇到了任何麻烦，理智地想一想就能搞定。

现在我们可以看到：对于自我鼓励者而言，一切亲密关系都必然是威胁，会招来恶果。当然也有例外，比如碰见的是同类，和他一样力求保持距离；或者同伴出于某种原因可以理解并尊重他的要求，保持合理的距离，诸如此类。前文提到的培尔·金特，其实就拥有一位理想的同伴，那就是索尔维格，一个对他痴心一片、默默守候他归来的女人。索尔维格对培尔·金特毫无要求，因为她知道，一旦她有所要求他便会惊慌失措。对于培尔·金特而言，就连对自身情感的失控都会令他恐慌。培尔·金特从未真正意识到自己为他人付出过多少，总是自认为已付出了一切，把最珍贵的感情都献给了索尔维格，然而这些“被奉献出来”的感情从来没有被索尔维格听到、看到或体验到。他觉得只有在感情上保持一定的距离，才能在一定程度上保持长久的忠贞不渝。偶尔，他可以承受与他人的短暂交往，但这种关系异常脆弱，一旦遭遇些许外力，他便会迅速地逃避。

他处理自己和异性的关系就像是在打桥牌。如果这种关系是不长久的，对他的生活没有影响，他便会乐在其中，尽管如此，他依然对这份交往做出了严格的限制，不论是时间、地点，还是交往范围。另一种情况是，他对两性关系异常冷淡，极端排斥异性，不允许任何异性介入自己的生活。这种时候，现实中的关系被他用想象替代了。

上述所有的特殊表现，都是我在分析过程中发现的真实现象。无疑，自我孤立型患者对医疗分析深感不悦，觉得自己的隐私被侵犯了。不过，他们也在医生的分析中饶有兴趣地审视着自我，并洞察到自己的内心冲突，从这个层面上来说，他们又希望分析能继续下去。有时候，他会对于自己做的梦深感好奇，觉得实在太过生动；有时候，他会对自己突然的想法感到困惑，因为这想法在他看来是那么恰当。当他为自己的臆想找到证据时，他就像发现新事物的科学家一样兴奋。对于医生的帮助，他不仅会表示感谢，还会期望在某些方面能得到进一步的指引。不过，假如医生所做出的指引方向是他始料不及的，并自认为被医生强迫或催促，那么他的态度会反转为厌恶。他总是放心不下，害怕医生的暗示会成为陷阱，尽管事实并非如此。对于孤立型患者而言，分析的危险性远小于其他两类患者所面对的情况，因为他始终穿戴着坚硬的“保护壳”。

患者通常会用正当的自我防卫来表达对医生分析的意见，以证明其暗示正确与否，但是孤立型患者却不会这么做，他们的反应是：只要医生的分析与他的自我判断或生活准则不相符合，他必定会毫无理由地全盘拒绝，虽然拒绝的方式是礼貌而委婉的。医生希望他能有所改变，他却深感厌恶；他想要排除干扰，同时又避免触碰他的人格；他很乐意审视自我，同时又顽固不化。他之所以会产生这些态度，是因为他鄙视一切外界的影响，当然，这只是原因之一，也并不透彻，我们会在后文中给出更详细的阐释。因此，孤立型患者限制着自己与医生间的距离，而且这个距离并不近。在很长一段时期里，医生的话只会从他的左耳进，右耳出。这种医患关系在他的梦境中会有所表现，比如：两位来自不同国度的记者打着国际长途。初看之下，我们可以把这样的梦理解为孤立型患者现实态度的折射，即患者与医生，及其治疗之间的距离感。然而，梦境的含义远非单纯地描述感受，而会反应出某种解决冲突的努力方向，也就是说，这种梦更有深意，它最终想要表达的是患者态度的形成动机：避免医生分析触碰自己的人格。

最后，我们洞察到这类患者还拥有另一种特征：在医生“发起进攻”时，他拼死坚守自我孤立。当然，这种自我防卫的现象在其他类型患者身上也会出现，不过孤立型患者的抵抗时间要长得多，他会不择手段地排斥一切干预，并将这种抵抗视为生死攸关之事。其实，在受到干预之前，他的抗争就已经暗中开始了，并具有一定的破坏性。除了对医生的干预治疗表示抗拒之外，他还有其他很多诉求。当医生试图与患者建立联系时，如果患者内心有所挣扎，那么他表现出的对抗性会较弱，形式会较委婉，但最多也就是对医生的看法表示理解而已。

如果患者不由自主地产生出某种感情，当他察觉之后，是不会任其发展下去的。不管怎样，他对医生在其人际交往方面的治疗分析会抗拒到底。对于医生来说，这类患者与他人之间的关系很难捉摸，难以得出准确的结论。当然，患者做出抵抗也是正常的。一直以来，他始终力求与人保持安全的距离，因此，当医生在做分析时，他会深感不安。假如医生反复提及某些话题，他便会直接对医生的动机产生质疑：这个医生是想让我融入群体生活中吗？通常情况下，患者会很鄙视医生这样的动机。此后，假如医生能够设法让他意识到自我孤立的坏处，他会感到恐慌、焦躁、愤怒，甚至起身离开。

和我们在分析过程中观察到的反应相比，患者在生活中的反应会更加明显。他在平日里素来表现得沉稳冷静、善解人意，但当他感到自身的独立与自由受到某种威胁时，他会因愤怒而变得冷酷无情，甚至出口伤人。这类患者从不加入某个团体或参与某种活动，即便受人邀请，也不会缴纳费用，总之一想到这些事他就会忐忑不安。如果他不小心落入了这类“陷阱”，他也会拼了命地想办法爬出来，就像生命受到了威胁一般。

曾有个患者对我说，如果非要他在爱情和自我孤立间做出选择，他一定会果断地放弃爱情。于是，我们又看到了孤立型患者的另一个特征：这类患者不仅千方百计地捍卫着自我孤立，还甘愿为它付出一切代价。他放弃了一切外在利益和内在价值；他有意识地清除掉所有会影响他自我孤立的渴望和追求；他在无意识中压制着自身的欲望。

不得不承认，不管是何种事物，但凡被如此坚定地守护，就意味着它在个体的主观意识中意义非凡。因此，我们应该去深入理解自我孤立对于患者的意义所在，只有这样才能对症下药。如我们所知，不论是哪种处世态度，都自有其积极的一面，都有其存在的价值。亲近他人之人，力求与外部环境和平共处；抗拒他人之人，为了在激烈的竞争中生存下去，而选择背上重重的保护壳；远离他人之人，始终追求着清净自在的境界。实际上，这三种处世态度对于人的成长而言，不仅各有可取之处，更各有存在的价值。只不过，当这些态度变得盲目、顽固、互不相容，并带有强制性时，便会引发神经症。这样一来，它们原本所具有的价值便会大打折扣，不过并不会完全消失。

自我孤立并非一定是件坏事，实际上，在东方哲学中，它被视为达到至高精神境界的必然条件。不过，我们也可以看到，这种哲学思想中的孤立和神经症中的孤立绝不能一概而论。在哲学中，孤立出于自愿，可以帮助人们完善自我，只要人们愿意，可以随时选择另一种生活方式。在神经症中，内心冲突不可避免，无法选择，具有强制性，患者不得不走上这条唯一的路，不过，患者通常也会从中有所收获，至于收获的大小，则和其神经症的严重程度直接相关。虽然神经症的破坏性巨大，但是孤立型患者依然有机会在内心保留某种真诚。对于一个人际关系良好的社会而言，这样的真诚或许算不上什么美德，但对于一个冷酷无情、贪图享乐、尔虞我诈的社会来说，真诚会让弱者受伤，在这样的情况下，只有保持距离，才能守护自身。不仅如此，神经症常常会扰乱患者的心智，但孤立型患者却总是拥有异常沉静的内心；他所付出的代价越大，内心越是宁静。此外，如果这类患者在自己的圈子里为感情生活留下了一席之地，那么，自我孤立反而会激发他的创造力，不仅会表现在他的思想上，还会表现在他的感情上。这种创造力在他的世界观和并不太过失常的精神状态的帮助下，会逐渐得到展示与发展，当然，前提是他的确拥有这样的才能。需要说明的是，我并不认为在神经症中，自我孤立是激发创造力的必然条件，而是认为它为患者潜在的创造力提供了最好的展示机会。

虽然我们需要正视自我孤立的种种好处，但显然这些都不是它备受患者守护的主要理由。毋庸置疑，不管出于什么原因，当这些好处不够强大或是伴随着干扰时，患者是绝对不会放弃守卫的。于是，我们进一步发现，如果强迫自我孤立的人与他人接触，他会神经崩溃。所谓崩溃，包括了一系列失衡的状态：工作能力下降、身体机能失调、酗酒、抑郁、精神失常，甚至自杀等。有的时候，患者和医生会轻易地认为“崩溃”前的某种征兆就是病因。例如，毫无缘由地被领导处分，丈夫出轨并极力掩饰，妻子的刻薄与狂躁，经历了一段同性恋情，在校园里默默无闻，家道中落后不得不自谋生路……种种情形都有可能被视为病因。不可否认，这些事情或许的确与病情相关，但是作为医生，还是应该慎重考量，需要看清楚这些具体事件到底诱发出患者什么样的缺陷。不仅如此，医生还需要了解更多的情况：这件事对患者为何会有如此大的影响？患者为何会单单因为这件事而心理失衡？而这件事并非异常重大的挫败。简单来说，医生需要弄明白：患者对某个特定事件做出了何种形式的反应？为何特定事件很小，导致的后果却很严重？在寻求答案之前，我们必须看到，和其他类型的神经症患者一样，自我孤立型患者需要安全感，而自我孤立若是能正常发挥保障的作用，便会为患者带来安全感。

反之，假如自我孤立被阻碍，无法发挥效用，那么患者便会恐慌。因为当安全距离被打破，或者有人擅自入侵他的圈子，他便会认为自己遭受了威胁。他以安全距离作为保护自我的措施，离群索居，之所以会走到如此的境地，是因为他在应对生活难题时别无他法。这又一次验证了孤立型神经症的特征带有十分特殊的否定性，和其他类型的神经症大为不同。确切地说，当自我孤立型患者身处困境时，他既不会委曲求全，也不会负隅顽抗；既不顺从，也不强势；既不谈爱，也不谈恨。他没有自我防卫的能力，只会逃跑和躲避。这类患者的想象或梦境常会出现这样的情形：他变身为丛林里的小矮人，在丛林的掩护下所向无敌，然而一旦走出丛林，就变得一触即溃。这种状态为我们提供了有用的信息：这类患者将自我孤立视为赖以生存的自我防卫手段，并不惜会为此做出一切牺牲。说到底，不论何种类型的神经症，本身都是患者在自我防御，但除了自我孤立型患者之外，其他类型的患者在面对生活时，所采用的方式都是积极的，不带有否定性。当然，一旦自我孤立成为主要倾向，那么患者便会无力应对生活，从而开始消极地防御。

当然，患者之所以那么坚定地守护着自我孤立的状态，其实还有一个更深层次的缘由：不论是他所感受到的威胁，还是对“圈子会被打破”的担忧，这些恐惧心理都不是短期的状态，而会造成很严重的后果。其中一种后果是导致患者人格分裂、精神失常。当自我孤立的状态在医生分析过程中被击碎后，那么患者不但会心惊胆战，还会表现出恐惧，尽管这种恐惧感有可能会被患者设法隐藏起来，但终究还是会暴露出来。通常，患者会害怕被人群淹没，因为他害怕失去自身的个性；他害怕面对带有攻击性的人，并被迫受到控制，因为他没有一丝自我防卫的能力；他还担心自己会精神失常，尽管这种可能性非常小，但他依然拒绝面对现实。需要说明的是，精神失常不是疯掉，导致这种后果的原因不是力图逃避现实，而是对人格分裂的巨大恐惧，这种恐惧常常反应在患者的梦境和想象之中。当患者不得不对自我孤立放手，不得不面对内心冲突时，假如他无法承受这样的打击，其人格便会四分五裂。如果患者的自我孤立倾向异常极端，坚决不承认内心冲突的存在，那他便会对医生的说法置若罔闻，表示自己完全不知所云。当医生设法让他看到了内心冲突的存在后，他会下意识地巧妙地规避话题，同时不被人发现，此时，他还没有做好准备去接受现实，因而恐慌不已。在此之后，当他在具有一定安全感的情况下观察到自己内心的冲突时，他会选择让自己更加孤立。

于是，我们得到了一个颇有些令人匪夷所思的结论。自我孤立既是基本冲突的内在组成部分，也是患者应对冲突的自我防御机制。如果我们缩小关注范围，便不难看出其中的逻辑性。患者用自我孤立来保护自我，这恰好是其积极主动的一面。在此，我需要再次强调：主要倾向虽然占据了优势，但并不会抑制其他倾向发挥作用。相比较而言，在自我孤立型患者的人格中，这种相互关系相较是比较清晰的。相互矛盾的几种倾向在患者的生活中都会有所表现，在自我孤立倾向占据上风之前，患者会经历亲近他人和对抗他人的阶段。自我孤立型患者的价值观也与其他两类患者的全然不同：另两类患者的价值观清晰且分明，而自我孤立型患者的价值观矛盾重重。他会高估一切自认为可以代表自由和独立的事物；在分析过程中，他会突然对友善、大方、慈悲和自我牺牲等品德做出极高的评价，又会突然欣赏起适者生存、人不为己天诛地灭之类的生活哲学。这显然是很矛盾的表现，或许他自己都很困惑。尽管如此，他依然极力地否定着自己的内心冲突，并力求采取某种手段让它看起来合理。如果医生没能清晰地认识到患者的神经症结构，则很容易误入迷途，无功而返，毕竟患者很擅于切断一切通道，藏身于自我鼓励之中。

自我孤立之人利用如此特殊的方式来表达着对抗：他不希望和医生之间有任何联系，并排斥自我认知。是的，他完全不想去探讨自己的人际关系，更不想面对内心的冲突，说到底，他压根就不在意医生对冲突的任何分析。他认为，这一切都是没必要去关心的，自己只需要和别人保持安全的距离就万事大吉了，人际关系的紊乱和自己毫无关系。他甚至觉得，医生口中的冲突都是杞人忧天的事情，自己没必要为此做出整理和调整，只管待在自己的空间里就好了。正如前文所述，在一定程度上，患者的这种无意识的逻辑推理并没有错。然而，众所周知，人是不可能脱离群体独自生存发展下去的，而这一点恰恰被自我孤立型患者所忽视和抗拒。

综上所述，自我孤立最大的功能在于克制基本冲突，使其无法发挥作用。它是患者的自我防御方式，可以极端且有效地应对患者的内心冲突。在神经症中，患者们总是试图寻求和谐的状态，人为地制造出各种方式，自我孤立便是其一，而它的目的是以回避来代替解决问题。

当然，问题始终还在那里，各种强制性渴望依然存在，即便不会影响患者的思维能力，也会给他带来无尽的烦恼。总之，如果这种矛盾的价值观被秉持，那么患者就永远也得不到真正的自由和安宁。

第六章
理想化意象

在了解了神经症患者对他人的基本态度后，我们对患者尝试解决冲突的两种方法也就相对熟悉了。更确切地说，是两种抵制冲突的方法：一种是把人格中的某种倾向压制下去，使它的对立面突出；另一种是保持与他人的距离，以抑制冲突使之无法产生作用。这两种方法使患者找到了某种统一感，并且使患者的自身功能得以发挥，即使代价是牺牲自我（赫尔门·朗伯尔格，《自我的合成功能》，见于《国际精神分析杂志》，1930 年）。

现在我们要描述的一种尝试是：患者创造出自以为是的意象。不论是在有意识中还是在无意识中，此类意象实实在在地影响着患者的生活，但它和现实的差距还是太大。除此之外，患者总能从此类意象中得到满足，就像报纸《纽约人》上的一幅木刻画所展示的那样：一个中年妇女明明很胖，但她在镜子里看到的自己不仅身材纤细，而且年纪轻轻。此类意象的具体特征因人而异，由患者的人格结构决定。在此类意象中，有的人表现出美丽，有的人表现出权力，还有的人表现出聪明、天赋、高贵、诚信等，这取决于他所渴望的事物。这种自以为是的意象完全超出了现实，以至于患者因此变得自大和傲慢。这里所谓的自大和傲慢，是说患者把自己没有的或尚未被发掘的品性当成自身已具备的优点。意象越不真实，患者就越敏感脆弱，也就越迫切地渴望得到他人的认同。如果是自己的确拥有的品性，便不需要得到他人证明了；如果自认为具备的品性被他人质疑，那么人们通常就会感到愤慨，是的，人类就是这么敏感的生物。

我们可以发现，这种理想化意象常常存在于精神失常之人的自我炫耀中，在神经症患者身上所表现出的性质原则上也是差不多的。当然，神经症患者理想化的自我形象没有精神失常者的那么夸张，但在他们眼中，意象同样真实可信。假如我们将此类意象与现实的差距作为判断标准，用以区分精神失常和神经症，那么我们可以将理想化意象视为轻微的精神失常，再加上神经症的共同作用的影响而产生的。

从本质上看来，理想化意象是无意识的。患者完全不知道他把自己理想化了，而此类意象在局外人看来却异常明显。此类意象通常会有很多奇怪的特征，但患者并不清楚，他能够隐隐察觉的可能只是他对自身要求的严苛，这种追去完美的念头被他误认为是现实中的理想，并因此倍感骄傲，却不管其真实与否。

此类意象是如何影响患者态度的呢？这个因人而异，但在很大程度上取决于患者的兴趣点。如果神经症患者有意识地要让自己相信理想化意象，那他就真的会对意象中的一切深信不疑，甚至会觉得犯的错都那么神圣（安娜·帕利希，《跪拜》，1939 年出版）。一旦患者对真实的自我有所洞察，便会觉得真实的自我很卑微，于是他开始贬低自己，并在这种贬低中生成对自我形象的认知，同理想化意象一样，这种认知与真实自我之间的差距也十分巨大。我们可以把这种情况下产生的自我形象称为贬低意象。如果患者意识到了理想化意象和真实自我之间的差距，他会想方设法地去消除差距，尽力使自己趋于完美。这类患者口中总是反复念着“应该……应该……”，他不停地说着自己应该有什么感受，应该有什么想法，应该怎么做，等等。他坚信自己天生完美，犹如自恋狂，总是觉得只要自我要求够严格，自己再聪明干练些，就可以达到完美的状态。

理想化意象是静止的，这与真实理想有所不同。理想化意象是一种观念，为患者所膜拜，为了达到理想化意象，患者必须坚持不懈。真实理想是持续变动的，是一种必不可少的珍贵力量，它激励着人们去努力追求，促进人们的成长发展。与之相反，理想化意象会阻碍人们的成长发展，因为它只是在否定和鄙视人们自身的缺点。真实理想使人谦虚，而理想化意象则使人自傲。

其实人类早已对理想化意象有所认知，在历史的长河中，几乎每个时期的哲学理论中都有它的身影。弗洛伊德把它引入到神经症理论中，并给它定下了一系列名称：自我理想、自恋、超我等。阿德勒把它称为“追求优越感”，而它也是阿德勒心理学的理论核心。与他们的观点相比，我的观点略有不同，但在此不做赘述（详见卡伦·霍妮，《精神分析新途径》，1938 年；埃利希·弗洛姆，《自私与自爱》，1939 年）。简单来说，以前的理论都只关注了理想化意象的某个方面，而非全面观察。不仅是弗洛伊德和阿德勒，还有弗郎兹·亚历山大、鲍尔·弗登、伯纳德·格鲁克和恩斯特·琼斯等一批研究者，虽然他们都曾对此做出过准确的评判，但没有谁能真正研究清楚这个现象的全部意义和作用。那么，这个现象的作用到底是什么呢？显然，它能满足人们的基本需求。不管理论基础是什么，不同学派的心理学家们在有一点上看法一致：这个现象是难以突破的神经症反应，甚至会令人无所适从。正如弗洛伊德所说，治疗神经症的最大阻碍，莫过于患者深入骨髓的“自恋”。

建立在现实基础上的自信和骄傲，会被理想化意象取而代之，这也是理想化意象最根本的影响所在。一个无法摆脱神经症的人，始终都不可能建立起自信，因为他的处境危机重重。就算他最初尚有一点自信，但因为自信所依赖的条件总是被摧毁，而这些条件在短时间内又无法重新形成，所以在神经症的发展过程中，自信会逐渐消失。通常来讲，保持自信最重要的条件包括：拥有具备现实意义的情感力量，真实目标得以持续发展，在生活中发挥主观能动性。然而不幸的是，在神经症面前，这些条件都不可能长存。

神经症的发生和发展会破坏患者的决策能力：患者受到驱使，无法管控自己的行为。患者应对生活的能力也持续下降，因为他总是依赖他人，尽管依赖的形式各种各样，例如，盲目地反抗，盲目地尝试超越他人，盲目地远离他人等。他压制了大量的情感力量，导致这些情感力量几近崩溃。在这样的情况下，他几乎无法实现他的目标。另外，还有一个非常重要的因素：基本冲突致使患者人格分裂。当患者失去了根基，他不得不进一步夸大自身的作用和力量。这也就验证了我们之前所提到的：患者认为自己能量无限是理想化意象的必然条件之一。

神经症患者在自己的世界里并不会感到怯懦，但他却对危机重重的真实世界殚精竭虑。在他看来，自己随时都有可能被别人欺骗、贬低、掌控或打败，因此必须时刻戒备；他总是拿自己和别人做比较，这与虚荣或任性无关，他不得不这么做，因为他从骨子里认为自己很羸弱很卑微，为了让自我感觉好一点，他必须挖掘出一些自身的“优点”来。他要么会觉得自己比别人更高贵，要么更无情，要么更大方，要么更强势，换句话说，他怎么都要让自己感觉比别人“厉害”一点。这些仅仅是普通的“优势”，更别提他内心深处对超越他人的渴望了。任何类型的神经症都带有脆弱性，患者总感觉自己受人轻视，并视之为耻辱，因而渴望超越他人。为了消除耻辱，患者渴望获取报复性的胜利，这种需要可能是有意识的，也可能是无意识的，但只存在于他的思想中，并且只对他的思想起作用。更重要的是，它是一种内驱力，强迫患者去追求优越感，使这种渴望带有强制性。总的来说，激烈的社会竞争常常会导致人际关系受到损害，使得人们盲目地追求自我优势，从而为神经症的滋生提供了机会。

除了取代基于现实的自信与骄傲，理想化意象还会取代真实的理想。患者总是拥有很多相互矛盾的理想，而这些理想毫无约束力，也没有清晰的特征，因而无法对患者进行指导。幸而患者对理想化意象尚存追求之心，否则，他会觉得生活毫无意义，毫无方向。在分析患者的理想的过程中，这种情况尤为明显。患者的自信被理想化意象悄然淹没，他逐渐失去信心。当他自信尽失时，他才会发现自身理想的混乱，才会放弃。在此之前，他并没有意识到这个问题，更谈不上理解和解决。他自诩对理想重视有加，但直到现在才对理想的现实意义有所了解，才开始想要探求真实的自我理想。在我看来，患者的这种感受正好说明了，理想化意象会取代真实理想。在对理想化意象的效用有所了解后，我们的临床治疗更上了一层楼。在治疗初期，我们会指出患者价值观中存在的矛盾，当然，我们并不指望患者会有积极主动的反应，因为只有当他完全摒弃了理想化意象后，我们才有可能进一步去处理他价值观中的矛盾。

理想化意象是僵化不变的，这是由它的一个特殊功能所导致的。如果有人总把自己视为尽善尽美的神灵，那么他的一切错误和缺点都会被隐藏起来，甚至被他自己视为优点，他觉得自己就像一幅精彩的画作，所描绘的景象无论多破败，在他眼里也显得熠熠生辉。

那么，一个人究竟会把什么视为自身的缺点和错误呢？如果我们找到这个问题的答案，便能深入了解到理想化意象的防御性功能了。初看之下，这个问题似乎没有准确的答案，因为可能性实在太多了。然而，我们的确可以找到一个很具体的答案：一个人选择接受和拒绝的事物，反映出他眼中的自身缺点和错误。不过，在相近的文化中，起决定作用的是基本冲突中的主要倾向。比如，在屈从型患者看来，恐惧和懦弱并不是缺点，但攻击型患者却认为这是耻辱，应该深埋起来；屈从型患者认为带有敌意的攻击态度和行为是过错，而攻击型患者认为温情是可悲的懦弱。此外，每种类型的患者都不由自主地认为自身的优点是真实存在的。比如，屈从型患者自认为仁慈宽容，但实际上并非如此；自我孤立型患者并非自主选择了孤立，只是因为无法应对他人，但对此他坚决不会承认。一般而言，这两种类型的患者都排斥虐待狂倾向，我们将在后文进行探讨。截至目前，我们得出的结论是：被患者视为缺点并极力排斥的方面，其实就是占据了主导地位，却不符合患者态度的方面。基于此，我们可以认为，理想化意象的防御性作用否定了冲突的存在，从而导致理想化意象僵化不变。在分析清楚这一点之前，我时常无法理解，为什么患者很难接受并承认自己并没有想象中那样优秀。现在我明白了，患者是绝不会妥协的，因为一旦他承认了自身的缺点，他就不得不面对内心的冲突，这样一来，他好不容易建立起来的人为的和谐就会被破坏。不可否认，理想化意象愈复杂和僵化，所掩藏的冲突就愈严重。

理想化意象的第五个作用也与基本冲突有关。理想化意象除了掩藏患者不愿接受的冲突之外，还激发了患者的创造力——变对立为和谐，至少在患者看来冲突已消失。接下来，我借用几个事例来简单说明，为了不太过繁复，我只强调两个方面：一是所存在的冲突，二是理想化意象如何表现冲突。

在某个人的内心冲突中，屈从型倾向占主要地位，于是他极其渴望友善、赞扬以及关爱，他渴望变得慷慨大方、富有同情心，他做事面面俱到，对人关怀备至。在他的冲突中，自我孤立型排在第二，于是他会表现出不合群，特立独行，不与他人联系，害怕受到强迫。显然，在他身上，渴望孤立和渴望亲近产生了矛盾，这导致他与异性的关系失调。此外，他还表现出对他人的间接控制、直接利用以及排斥他人的干预，这体现出了明显的攻击性倾向。当然，这种倾向使他求偶和交友的能力迅速下降，并与自我孤立产生矛盾。这个人没有发现这些内驱力的存在，于是他创造出了三个理想化的自我形象：第一个自我极富有同情心，极为友善，他的善良和宽容天下第一，他施予他人的爱也是无人能及的；第二个自我是万众敬仰的政治领袖，是影响时代的先驱；第三个自我是卓越的哲学家，前无古人后无来者的旷世奇才，能领悟生命的意义，参透生存的最高价值。这些理想化意象并非毫无依据的，事实上，在所有被理想化的方面，他都拥有巨大的潜力，只不过他错误地以为潜力已成事实，自己在现实中已经拥有了这样的能力或成就。除此之外，内驱力的强制性被隐藏起来了，取而代之的是他自以为是的天赋和气质。于是，对温情的渴望，被他定义为爱的能力；对卓越的渴望，被他认为是天生优越；对自我孤立的渴望，被他视为不受约束。最后，至关重要的是，那些阻碍他发挥自我潜能且相互干扰的内驱力，被理想化意象取代，变成符合他要求的协调一致的几个方面，共同服务于同一个复杂的人格；它们原本各自代表了基本冲突的某一方面，而此时都只能独立存在于三个理想化的自我形象中，于此，内心的冲突就这样被“消除”了。

罗伯特·路易斯·斯蒂文森对双重人格的阐述极为经典，详见其著作《化身博士》，其讲述的基础是：将人的冲突因素进行隔离。书中的杰基医生在发现自身的善恶对立后，说道：“长期以来……，我始终守护着一个美好的梦想，那就是分离冲突的因素。我想，如果可以把自身的每一种特征都寄存在不同的身体里，那么生活中所有的麻烦事就都不存在了。”为了说明冲突因素被迫独立存在的情况，我们再来看另一个例子。有个人的主要倾向是自我孤立，并且表现得非常极端，同时伴随着前文所述的各种特征。此外，他的屈从倾向也很明显，但他总是刻意回避，因为这有悖于孤立需求。他想要变得出众，这种渴望偶尔会爆发出来。另外，他能够意识到自己对温情的渴望，然而这依然与孤立需求相违背。于是，他在自己的幻想中变得不可理喻，残酷无情：他幻想毁灭，幻想所有干扰他生活的人都死无葬身之地。他宣称自己信奉弱肉强食，对此毫不避讳，在他看来，强权才是真理，人不为己天诛地灭，这才是一种明智和现实的生活方式。然而，幻想之外，他胆小怕事，只在特定情况下才会偶尔强硬一些。他的理想化意象颇为奇特：大部分时间里，他是智慧的隐士，离群索居，超凡脱俗；有的时候，他会变身为一只恶狼，冷酷无情，嗜血成性。除去这两种不协调的自我形象，他还将自己想象成自己最好的朋友和情人。

在这个事例中，患者同样对神经症倾向进行了否定，把潜力误认为事实，并且夸大了自我。不同的是，他没有尝试去解决冲突，所以冲突依然存在。然而和现实生活相比，这些倾向倒是颇有些单纯。它们被隔离开来，互不干涉，如患者所愿，冲突因此“消失不见”了。

最后，我们再来看一个例子，这个例子中的理想化意象更具备统一性。某个人在现实生活中表现出明显的攻击型倾向，同时还带有虐待狂倾向。他强势，刻薄，野心勃勃，不择手段。他擅长谋略，有良好的组织能力和抵御能力，并信奉弱肉强食。同时，他极不合群；但攻击性内驱力使他无法远离他人，无法离群索居。他不喜欢人多的地方，总是小心翼翼地避免与任何人的接触。总的来说他很成功，因为他对人的积极情感早已深受压制。如果他想要亲近他人，只会选择用性关系来表达。在他的表现中，屈从倾向也会很明显，对欣赏和认可的渴望令他更加追求自我的强大。此外，他私下制定出一些评判他人的标准，久而久之也会运用到自己身上，当然，这些标准与适者生存的哲学理念并不相容。

在他的理想化意象中，他是一名勇士，身穿铠甲，耳聪目明，勇敢地追寻着正义。如同所有睿智的权力人物所做的那般，他坚决杜绝私人关系，同时赏罚严明，刚正不阿，真诚而不虚伪。他是完美的情人，所有女人都爱他，但他绝不会沉溺于女色。显然，他的目的同其他患者一样，并且也顺利地将基本冲突的因素打乱重组。

因此我们可以发现，理想化意象是患者试图解决基本冲突的重要方式之一。它的主观性极为强烈，能够把分裂的人格进行重组。它对患者的人际关系起到了决定性作用，尽管它只存在于患者的脑海中。

理想化意象可以被视为幻想的自我，但这样说又存在一定的误区，因为它只对了一半。在患者构建理想化意象时，其主观意愿极其强烈。这个特征异常突出，毕竟患者在其他方面的反应都是基于现实的。但理想化意象并没有因为强烈的主观意愿而变得完全脱离现实，而是蕴含着现实因素，在现实因素作用的影响下生成。患者的真实理想也会在理想化意象中有所展现。另外，尽管所谓的辉煌和成功是臆想出来的，但其中所隐藏的个人潜力并不虚假。确切地说，这种理想化意象遵循了患者内心的真实需求，对患者的影响和作用也是真实存在的。理想化意象的产生并非没有规律可循，当我们了解了它的各种特征，便能进一步判断出患者真实的人格结构。

尽管理想化意象的虚幻程度很高，但在神经症患者看来，它怎么都是真实存在的。他倔强地构建着这类意象，越来越觉得自己很理想，而把真实的自我置于脑后。理想化意象的出现颠覆了一切，真实自我被消除，理想化意象被突出。在回顾患者经历的时候，我们时常发现，患者是在用对自身的理想化来拯救自我。当理想化意象遭受攻击时，患者会做出反抗，这是情有可原的，也是符合患者逻辑的。在他看来，自己的意象是真实且完美的，他觉得与众不同，出类拔萃，他内心的倾向也达到了高度统一，他完全意识不到这一切都是幻觉。他自视甚高，认为自己手握强权，可以自由索取。如果别人破坏了他的理想化意象，他就会觉得自己身处险境：他不得不面对自己的懦弱，发现自己毫无权力，并不优秀，甚至一无是处。在正视内心的冲突时，他会异常担心被分裂。或许会有人告诉他，这样的处境也许是个转机，只要他把握住这个机会，就能好起来，比起理想化意象，正式冲突更加有效，但事实上，这种处境在很长时间里都对他毫无成效。毕竟，这样的转变在未知中进行，这令他极其恐惧。

不可否认，理想化意象拥有强烈的主观性，然而它的弊端也很突出，不然它就会无坚不摧。其实此类意象本身就根基不稳，因为它的绝大部分都是虚构的，打个比方，就像一间屋子里面装满了稀世珍宝，但角落里却隐藏着一枚炸弹，于是一切显得脆弱不堪。体现在患者身上便是：只要外界对他的置评稍显负面，只要发现理想的自我遥不可及，只要窥见内心冲突的存在，他内心的炸弹便会被引爆。他要想避开这个危险，就只有在生活中约束自己。对于无法获得赞扬的事，他会尽量远离；对于没有把握的任务，他会设法逃避。甚至对所有的努力，他都会感到厌恶。在他看来，自己是天资聪颖的人，想做到的事就一定能够轻松做到。只有平庸之人才会为达目的而不懈努力，如果自己像这些人一样行事，那就等于承认自己平庸无为，这是极大的耻辱。但事实上，任何成功的前提都是努力，而他的态度使他与自我目标越来越远，让真实的自我和理想的自我更加遥远。

他一直渴望着别人对他的认可，渴望得到别人的认同、赞扬、奉承等，但这些渴望就算实现了，也只是暂时的安慰罢了。他在冥冥之中就对某些人心生怨恨，这些人可能综合实力出众，也可能在某一方面比他优秀，譬如，比他有主见，比他更擅长为人处世，比他学识渊博，诸如此类，于是他感到自身的价值受到了威胁。他对理想化意象愈加执着，他的恨意也愈加强烈。如果他压制住内心的傲慢，便可能会走向“盲目崇拜”的方向。对于公然宣称自己无比重要，并且气场强大的人，他会崇拜得五体投地，因为那就是他理想中的自我形象，当然，他迟早会发现那些人的自私自利，到那时，恐怕他又会陷入另一种绝望。

理想化意象导致的最严重的后果，恐怕是疏远自我。自身的重要组成部分被压制，必然会导致与真实自我的渐行渐远，在悄无声息中形成了神经症的基本特征。患者彻底忘记了自身的感受、喜好、憎恶和信念，也就是说，他弄丢了真实的自我。他不知道自己生活在理想化意象中，从而陷入了自身编织的“蜘蛛网”，里面尽是无意识的托词和合理化的借口，他使尽浑身解数都无法挣脱。当患者的自我状态出现异常时，通常会表现为：对生活失去兴趣，因为他感到生活不属于自己；无法做出决定，因为他不清楚自己的真实需求。只有在遭遇问题和挫败时，他才会恍然大悟。想要理解这种状态，我们就必须清楚：遮掩内心冲突的虚幻想象肯定会延伸到外界。正如某个患者所说："如果没有受到现实世界的影响，我肯定会过得很好。"

理想化意象的目的是消除基本冲突，尽管它作用的范围和程度有限，但与此同时，它会让人格产生新的裂痕，而且比之前的裂痕更加危险。简单地说，当一个人无法忍受现实状态时，他就会建构出理想化的意象。显然，理想化意象可以用来遮掩他所厌恶的现实状态，但是由于理想的自我过于夸张，导致他更加无法接受真实的自我，甚至会鄙视自己，并因为无法达到自我要求而焦躁和恼怒。于是，他挣扎于自我崇拜和自我鄙夷之间，在理想的自我和真实的自我之间摇摆不定，找不到安稳的平衡点。

这样一来，新的冲突产生了，一方面是相互矛盾的强制性尝试，另一方面是心理失衡所造成的内在专断性。这种内在专断性使他做出的反应，正如政治独裁使一个人做出的反应。他可能把自己视为内心的独裁者，也就是说，他觉得自己就像自我认知中的那么出色；或者，为了达到目标，他会十分谨慎；又或者，他会抵抗这种强制性，坚决不履行内心强加的义务。如果他的反应属于第一种，我们就会发现他是一个绝不接受任何批判的"自恋狂"，他无法意识到自身实际存在的缺陷；如果他的反应属于第二种，我们会发现他表现出完美的状态，也就是弗洛伊德所说的“超我”；如果他的反应属于第三种，他就会表现为拒绝承担任何责任，他会表现得很不正常，并对一切持否定态度。我之所以特意用“表现为”这个词，是因为不管患者作何反应，都说明他的内心一直在挣扎。就算是自认为“自由的”攻击型患者也会尝试去打破强加给自己的标准，他还会把标准强加给别人，以此证明自己正受到理想化意象的限制（详见本书第十二章）。有的时候，患者会从一个极端走向另一个极端。譬如，他可能在某段时期内渴望做老好人，但因为始终无法从中得到安慰，便走向其对立面，坚决反对一切有关“好”的标准。他也有可能从极端的自我崇拜转向极端的完美主义。我们常常能看到这些态度的综合作用，都在说明着患者不会对任何一种尝试感到满意，因为这些尝试终究都会失败；它们应该被视为患者为改变自身处境而采取的办法。不管深陷何种困境，患者的办法总是层出不穷，此路不通便另寻别路。

在这些尝试的共同作用影响下，患者正常的发展之路可谓荆棘密布。患者意识不到自身的错误，更别提从错误中汲取教训了。虽然在他眼里，自己是成功的，但久而久之，他对生活的兴趣会渐渐消失。一谈到成长，他只会下意识地想要构造出一个更加完美的自我，纯粹理想化的、毫无缺点的自我形象。

综上所述，我们在治疗过程中，需要让患者清晰地认识到自己的理想化意象，慢慢明白其作用原理和巨大的主观性，并深知它意味着无尽的烦恼。我们希望看到患者进行自我反省，思考理想化意象的代价是否太高。当然，若是要患者立刻抛弃理想化意象是不现实的，只能等意象背后的各种需求减少和降低之后。

第七章

外化作用

神经症患者采用了很多无效的方法，想要缩小理想自我和真实自我之间的差距，最终却适得其反。可是，患者又无法挣脱理想化意象的主观性，为了能更好地接受它，只得另寻出路。新的出路有很多，在此我们先来探讨其中一种鲜为人知的方式，因为它对神经症患者的影响尤为显著。

我把这种方式称为外化作用，会导致外化倾向。患者错误地将内在感受判断为外在因素，认为这些来自于外界的干扰让自己深陷困境。无疑，外在作用的目的依然是回避真实的自我，但和理想化意象相异的是，它并没有在自我的范畴内对真实的自我进行加工改造，而是完全抛弃了自我。简单来说，患者在其理想化意象中能够成功回避基本冲突，寻求到安全感，但在真实自我与理想自我差别过于悬殊的时候，患者会精神崩塌，再也不能“相信和依赖”自己，只能选择逃避自我，于是便把所有事物都视为外在因素。

在此类现象中，有部分情况是属于自我投射行为，也就是将个人特征他人化（E. A. 斯特莱克尔、K. E. 阿贝尔，《发现我们自己》，1943 年）。简单来讲，自我投射行为是指：因为对自身某些倾向或特质感到厌恶，于是便把它转移到他人身上，认为别人也和自己一样。譬如，某人很自卑，或者自大、控制欲强、好胜心重以及叛逆等，那么他会觉得别人身上同样也带有这些倾向。如此看来，“投射”一词是相当准确的。

相比之下，外化倾向要复杂得多，推卸责任不过是其中一个方面罢了。患者不但会把错误归咎于他人，还会在某种程度上认为自身感受源自他人。具有外化倾向的患者会自认为能够深刻地体会到他人的失落，而完全感知不到自身的真实态度。举例来说，当他觉得别人对自己怒气冲冲时，他并没有意识到这种愤怒并非来自他人，其实是他自己对自己感到不满。除此以外，不论是成功还是失败，烦躁还是愉悦，一切感受都会被他视为来自外部。他会认为失败是命中注定，成功是听天由命，心情好坏则取决于冷暖阴晴。

显然，如果一个人认为自己的命运掌握在他人手中，那他一定会想方设法地去改变、影响、惩罚别人，至少会尽力确保自己不受他人干扰。外化作用使他对他人产生依赖性，当然这和渴望温情而产生的依赖性不可相提并论。此外，外化作用还会使他过度依赖外在因素，从而让很多原本很轻松的事物变得沉重起来，比如居住地是选择城市还是乡村；吃这个好还是吃那个好；是早点睡还是晚点睡；是参加这个社团还是那个社团……最终，他的外化倾向被定格。荣格把外化倾向视为性格的单方向发展，而我认为，其实是患者想要利用外化作用缓解和消除内心冲突。

外化作用还会导致另一个后果——患者会感到无比空虚，并因此痛苦不堪，更重要的是，这种空虚感会出现错位。患者并不会感受到精神上的空虚，而会觉得在生理上不够充实。比如，他会感到饥肠辘辘，然后强迫自己不断进食以消除饥饿感；或者总担心自己体重太轻，会被大风吹走；甚至，他会觉得如果自己被别人看透，就会变得一无是处，空有一副皮囊。简单来说，外化倾向愈严重，患者就愈游移不定，像落叶一样失去方向。

我们已经了解了外化过程的含义，同时也知道了它能帮助患者缓和真实自我与理想化意象间的矛盾，那么，它是如何将“缓和”进行下去的呢？就算患者能够有意识地去审视自我，真实自我与理想化意象间的矛盾依然会在无意识间对他造成伤害；患者愈认可理想化意象，他的各种表现愈会失去掌控。我们时常看到患者自我鄙夷或者自我愤怒，并伴随着压迫感，他不仅深感痛苦，还被这些感受纠缠，以至于逐渐失去了生活能力。

自我鄙夷的态度在外化作用的影响下有可能会表现为看不起别人，也可能会表现为觉得自己被人看不起，一般来说二者兼有，至于孰轻孰重，则取决于患者的神经症结构。通常来说，患者越是带有攻击性倾向，或越是自认为出类拔萃，就越会看不起别人；反之，他越倾向于服从，就越会因为自己无法企及理想自我而深深自责，觉得自己一无所长，会被人看不起。一旦患者认为自己糟糕透顶，那事态就严重了，他会因此变得更加胆怯，开始杞人忧天，甚至封闭自我。哪怕只是一丝友善与关爱都会让他感激涕零，他已经卑微到尘埃里了。然而，他依然无法接受人们的友情，认为人们示好的对象本应另有他人，而非自己。在强势之人面前，他毫无还手之力，因为从某种层面上而言，他们拥有相同的部分属性，于是他对遭受的轻蔑欣然接受，如此一来，愤懑之情油然而生，日积月累，终有一天会突破压制，爆发而出。

不过，在外化作用的影响下产生的自我鄙夷状态具有非常特殊的主观性。如果让患者意识到他如此看不起自己，那么，他那自欺欺人的自信便会土崩瓦解，让他深受打击。如果患者总感到被他人看不起，虽然也是种煎熬，但他尚还可以保留一丝希望，至少还可以努力改变他人的态度，或者不念旧恶感恩在心，又或者对这种不公允心有戚戚焉。如果患者对自己极端不认可，那么他就真的什么都得不到了，甚至毫无退路。他会下意识地觉得自己无药可救，而这种感觉会日益明显。他鄙视自身的缺点，认为自己低贱至极，一无是处，而所有的优点也都被自卑情绪套牢。对于医生而言，在分析过程中是不会轻易触碰患者的自卑情绪的，他们会等待更好的时机——当患者不再那么绝望，不再死守理想化意象之时——再继续治疗，而此时，患者已经可以直面自卑的情绪，逐渐意识到自己其实并没有那么差劲，一切错误认知都是主观意象，是因为对自我的要求太过严苛。在懂得自我包容之后，他会发现事态并没有想象中那么复杂，那些被自己看不起的人和事并没有那么可耻，当然，自身所处的困境也是可以摆脱的。

患者总是死守着理想化意象，就像落水者紧抓着救命稻草，对此我们予以充分的理解，因为理想化意象在他眼中真的十分重要。在此基础上，我们也明白了为什么患者总是自惭形秽，甚至对自己不满——他认为理想化意象是万能的。无论他的童年经历是曲折还是平顺，他都觉得自己像超人一样可以排除万难，无所不能。当他意识到原来“万能”的自己无法达成个人目标时，愤怒便会喷涌而出。这也正好印证了：患者在看到内心冲突的存在后，定然会有万箭穿心的感受。

自我愤怒的外化形式主要有三种。第一种是：当患者控制不了对自身的愤怒时，便会将矛头指向外界，于是对自身的愤怒演变为对他人的愤怒。当然，这种愤怒会十分具体，都是针对别人的某种过失，而究其本质，是因为这些过失都曾出现在患者自己身上，并令他愤恨不已。比如说，一位女性患者时常埋怨丈夫做事情不够果断，然而每每被她拿来当作话题的都是鸡毛蒜皮之事，对比之下，她的愤怒显得有些小题大做。我深知她本人就十分优柔寡断，于是暗示她说，她自身也有同样的缺点，而她的怨恨其实是针对自己的。听完我的话，她歇斯底里起来，差点把自己撕碎。她的理想化自我是个决绝的人，她压根就接受不了现实中自己身上的缺点。戏剧化的是，在后一次的交流中，她把我的话彻底遗忘了，这倒是很符合她的个性，在我看来，她已经洞察到自身的外化倾向了，但是在那一瞬间，她没能迷途知返。

自我愤怒的第二种外化形式是：患者持续遭受恐惧感的侵袭，无论是有意识的还是无意识的，他随时都在提心吊胆，并且害怕别人会因自己的过失而愤怒，尽管这些过失也是他自己无法忍受的。比如，患者坚信自己的某种行径会树敌，假如没能如其所料，无法激发起他人的敌意，他会深感诧异。举个例子，某个患者的理想化自我是大善之人，但是她很奇怪，人们似乎更喜爱她生气的样子，却对她的善言善行无感。这样的理想化意象证明她属于屈从型患者。她渴望亲近他人，同时对敌意充满幻想，这大大刺激了她的屈从倾向。准确来说，外化作用导致屈从倾向趋于严重化，事实上，神经症的各种趋势在不断地恶性循环，并借此过程相互作用，相互增强。这位患者的屈从倾向更加严重了，因为在她的理想化意象中，自己是上帝般的存在，而真实自我被强制性清退。在这个过程中，针对真实自我的敌意油然而生，在外化作用的影响下，患者变得更加胆怯，又导致屈从倾向被加强。

自我愤怒的第三种外化形式是：将注意力转向生理机能的失调。如果患者对自我愤怒没有丝毫的觉察，他便只会感到身体出现了严重问题，比如头痛、肠胃功能紊乱、全身乏力等。不过，当他对自我愤怒有所觉察时，这些不适感便会马上消退。这看起来有些不可思议，但实际上很耐人寻味，我们甚至会想到，这些身体不适到底是外化作用的产物，还是因压制愤怒而导致的生理反应。当然，无论怎样，患者都很擅于利用这些身体不适。通常，他们会把引起精神问题的责任推给生理机能失调，然后又认定引起失调的原因来自外部。他们总是一本正经地说自己没有精神问题，只是吃坏了肚子，或是工作太累导致疲惫乏力，又或是患上了风湿性关节炎之类。

自我愤怒被外化之后，患者会有什么改变呢？总体来说，最终结果和自我鄙夷大致相同。但是，我们必须看到，患者身上时常带有危险的自我毁灭倾向，也就是说，有些患者的病情可能会十分严重。在我们前文所列举的第一个事例中，那位患者只是在短时期内产生出自我伤害的想法而已，但若是精神失常者，则会实实在在地付诸行动（K．门林格尔，《人对抗自己》，1938年。门林格尔遵循弗洛伊德学派的理论，认为自我毁灭是人的本能）。如果没有外化作用的帮助，大概会有更多的人选择自杀。弗洛伊德意识到自我毁灭的冲动性，从而提出“死亡本能”理论，可惜的是，这一理论束缚了他，他没能对自我毁灭的行为做出全面且深入的理解。

患者的人格发展受制于其理想化意象的权威性，而受限程度越大，患者内心的压迫感也会越大。这种压迫感是常人无法想象的，比任何外在压力都沉重，至少，患者在承受外在压力的同时，依然可以保持一定的精神自由。尽管这种内心压迫感的力量巨大，但大部分患者对内心的压迫感浑然不知，他们仅仅会在压迫感被消除的瞬间感到无比愉悦，像是重获了新生。当患者急需缓解或消除这种压迫感时，他可以向他人施加压力，也就是让自身的心理压力外化。从效果上来看，这类似于渴望控制他人的情况，但二者的不同之处在于：患者外化心理压力，并非是想要控制他人，而主要是想把那些令自己感到压抑的种种施予他人，当然，他并不会去考量这么做是否会为别人带去伤痛。

除此之外，还有一种外化形式也很重要：患者对外界束缚极为敏感，即便这种束缚微乎其微。对于研究者来说，这种过度敏感的现象时常可见，但并非百分之百产生自患者强加给自我的重重束缚。一般来说，患者会渴望控制他人，当他发现别人享有自己梦寐以求的控制权时，便会怀恨在心。我们很清楚，自我孤立型患者会对孤立状态捍卫到底，在这种情况下，他对外界压力的感知会异常敏锐。此刻，患者会在无意识中将自我束缚外化。不得不说这个外化形式十分隐晦，很容易瞒天过海。事实也的确如此，自我束缚的外化往往会在暗中影响医患关系：就算医生剖析出患者嫉妒敏感的根源，患者也只会当作耳旁风。在这种情况下，患者与医生的交锋通常会充满火药味。医生总是希望患者能有所转变，然而就算他对患者坦诚相告，表示自己是想帮助他修正自我，那也无济于事，因为患者完全不会理睬医生的丝毫干预。实际上，患者看不到真实的自我，也就无从选择该接受什么，不该接受什么。通常，医生不会强迫患者接受自己的观点，但患者总是会一概拒绝，毕竟他意识不到各种病症背后的真相——他受制于自我束缚。简单来说，如果患者无法挣脱自我束缚，那么治疗工作便很难顺利完成，甚至可以说必然会遭遇挫败。医生常常会受挫，不仅限于分析过程之中，但他们更懂得如何继续下去——想要击败患者的心魔，就必须对患者的内心世界了如指掌。

然而事情并没有想象中那么简单。在理想化意象的影响下，患者对自我做出了极为严苛的要求，并表现出绝对服从。然而，患者越是服从，其屈从倾向就越容易被外化。他迫不及待地想要实现他人对他的期许，尽管这种期许有可能是他一厢情愿的想法。他一边表现得很顺服，一边又对自我束缚心怀怨恨，到最后，他会觉得自己受到所有人的控制，于是开始仇恨全世界。

自我束缚的外化有没有可取之处呢？如我们所知，如果患者坚信压力来自外界，他便会奋起抵抗，至少会产生精神上的抵抗。同样的道理，如果患者坚信束缚来自外界，他便会寻求挣脱，自认为还享有一定的自由。有趣的是，患者承认受到束缚，也就相当于否定了理想化的自我，于是新的麻烦又会接踵而至。

我很好奇，这种心理压力是否会引起生理性病症，以及要到什么样的程度才会引起？在我的印象中，它似乎会影响呼吸系统、消化系统以及血液循环等，但我还是缺乏实际的经验。

接下来，我们要讨论的是各种被外化的神经症特征，这些特征和理想化意象截然不同。这些特征的外化过程会出现投射现象：患者会将自身特征视为他人特征，或者认为自己因他人而产生了某种特性，而这两种认知总会穿插出现。下面的事例会让我们更加清晰地认识到投射现象。

某个嗜酒成性的患者时常埋怨情人不够体贴，但就我看来，他的埋怨是毫无道理的，至少他所说的情况水分很大。他身上的矛盾非常明显：一方面谦和大度；另一方面又强势刻薄。在这种情况下，攻击倾向产生了投射现象。此刻的投射现象具有怎样的意义呢？在这位患者的理想化意象中，攻击性被视为自我强大的组成部分，但与此同时，善良又被视为最高尚的追求。此外，患者还认为自己是所有人的理想伙伴。那么，投射现象难道是在强化理想化意象吗？不可否认，的确如此，但投射作用并没有让患者意识到自己是在追逐攻击性，也没有让他面对冲突。这位患者已经进退两难了。攻击性倾向带有强制性，他无法从中摆脱；理想化意象维系着他的人格完整，他更无法放弃。此刻，投射作用为他另辟蹊径，既顺从了他的攻击性倾向，又维护了他理想朋友的善良美德。

这位患者还凭空质疑情人不忠，实际上，情人对他的爱甚至带有母性的光辉，反倒是他自己，背地里常做些不轨之事。在我看来，他是在用自己的心思去猜度别人，而后又害怕他人报复，于是不得不极力为自己辩护。我甚至想到了同性恋倾向，但也无法解释得通。问题的关键在于，他如何看待自身的不轨行为。他并没有忘记自己的不忠，只是刻意把它深深地隐藏了起来，就像什么都没有发生过一样，但是他对情人的猜度却始终没有停止。他的自我体验被外化了，和其他外化作用一样，其目的都是“守护”理想化意象，同时又可以享受“自由”，这便是我们所谓的“无意识的二重性”。

我们可以在各种政治权力斗争，或者各种职场竞争中找到类似的情况。尔虞我诈的心理和行为通常都是为了排除异己和加强自身的权威，同时也有可能让自己在无意间陷入两难的境地。一旦如此，争斗或竞争就成了“无意识的二重性”的表现之一，斗争者或竞争者在运用权谋的时候，并不认为自己的形象会受损，不但如此，他还会将对自己的不满与鄙视转移到对手身上。

总之，投射行为在我们的生活中并不鲜见，在它的作用的影响下，人们把自身的责任推卸给别人，不管别人是否真的有缺陷和过失。在医生的引导下，很多患者都会洞察到自身的问题，但他们会毫不犹豫地认为是童年的经历所致。比如，他们会觉得，在童年时期，母亲在家里蛮横专断，所以如今他对束缚极为敏感；他小时候被人欺压侮辱过，所以现在屈辱感很强；他小时候被人伤害过，所以现在报复心很重；他小时候不被理解和重视，所以现在内向封闭；他小时候受到清教徒的教化，所以现在谈性色变，等等。显然，他对童年经历的过度分析是毫无意义的，只会让治疗工作停滞不前，还会阻碍我们对病情的进一步分析和研究。

在弗洛伊德的理论中，遗传性便被过度解读，有真理也有谬误，我们应该谨慎运用。不可否认，患者的神经症大多都是从童年时期开始的，他对曾经发生过的、带有神经症倾向的经历会有自己的理解和感受，而我们所获取的信息大多都与这些经历和感受相关。毫无疑问，我们无法让患者对自己的神经症负责，他始终处于被动局面，被客观条件影响着，在无意识中陷入神经症的泥潭。这一点很重要，牵扯到其他诸多方面的分析（详见后文），医生理应对患者坦诚相告。

患者错误地认为，童年经历悄无声息地在自己身上种下了病因，他对此无能为力，而现在这些病因已经发酵，表现出了病症。比如，某位患者觉得自己总是对别人看不顺眼，并出言不逊，是因为小时候看到了太多的虚伪之人。我们知道，童年经历只能说是病因之一，但绝非唯一，如果患者没有意识到这一点，那就证明他没有意识到自身的病态需求。那位患者的病态需求是嘲讽他人，他为了解决内心冲突不惜抛弃了全部价值观，以避免自己身处两难境地。此外，他总会去承担毫无必要的责任，而另一方面又拒不承认自身的问题和过失。他抓住童年经历不放，坚信所遭遇的一切都是命中注定的，认为尽管自己历经磨难，但人格依旧完美，不曾受到玷污。他之所以会对自身的缺陷和内心冲突视而不见，都是因为其理想化意象在“作祟”。值得关注的是，唠叨童年经历的行为会让人产生一种错觉，觉得患者很善于自察自省。可是，他的病征已经被外化，他根本就无法感受到各种内心倾向，并且失去了对自己生活的主动权。他被限制住了，再也改变不了生活，只能沿着当前轨迹往下走，别无选择。

患者过分强调童年经历的举动，不仅是片面的，而且也验证了他的外化倾向。每每遇见这样的患者，我都可以断定，他已经和真实自我相分离，并且被迫渐行渐远。截至目前，我的判断从未失误过。

外化现象也会在梦中有所反映。有的患者会梦见医生变身为狱警；有的患者会梦见丈夫关门，而刚好自己想要进去；有的患者会梦见自己在追逐某个目标时，意外频发，阻碍不断……这一类梦都指向同一个目的：不承认冲突存在于内心，认为它来自外部，是某种外因所致。

有些患者的外化倾向所涉及的因素十分广泛，这种情况很特殊，并给医生的分析工作带来了很大的难度。他们觉得心理医生就像牙科大夫一样，和自己毫不相干，只不过是在完成任务罢了。这类患者对亲人、伴侣和好友的精神状态颇为好奇，唯独对自己的病情置若罔闻。一谈及曾经的遭遇，他便滔滔不绝，却丝毫没有反省之意。如果伴侣的精神状态是正常的，或者工作很顺利，那么他就觉得生活没毛病。长久以来，他都不曾意识到情感因素正在发挥作用。他可能会担心被盗，担心被雷劈，担心被人报复，甚至担心政局不稳国家有难，但他绝对不会担心自己出了问题。他一点都不关注自我的精神状态，除非这种状态可以给他带来某种创造力，主要涉及逻辑思维方面或是艺术造诣方面。但是我们认为，如果他无法找回意识形态上的主观能动性，就永远也不可能将任何想法付诸实践。所以，尽管他比任何人都要了解他自己，但他并不会因此有所转变。

外化作用的本质究竟是什么？我认为，是一种主动毁灭自我的过程。患者疏离了真实自我——这在神经症的发展过程中不可避免——外化作用得以发挥功效，进一步消灭了自我，从而达到驱逐内心冲突的目的。在外化作用的影响下，患者越来越多地责难、畏惧和报复他人，以至于内心冲突被外在冲突所替代。简单来说，外化作用激化了神经症冲突的最初诱因：人与外界的矛盾。

第八章

和谐假象

我们常常看到这样的情况：一个人撒了一个谎，之后又用无数的谎言去欲盖弥彰，如此一而再再而三，直到谎言编制成网，自己深陷其中不能自拔。不论是谁，如果没有尊重真实、探求真相的意识，便随时随地都有可能制造出这样的纠结局面。的确，用虚假的事物来弥补错误可能会暂时缓解眼前的危机，但这样做一定会滋生出新的麻烦，从而又需要新的谰言和伪善之举来应对。这样的情况在神经症患者身上常常发生，尤其是在他们尝试解决基本冲突的时候。表面上看，患者发生了很大的变化，这种变化甚至是极端的，但事实上，这种改变并没有什么用，因为之前暂时缓解的问题又卷土重来了。患者无意识地将一个个无效尝试陆续叠加在一起，于是我们看到，他的表现似乎全都集中在某种倾向上，但其实他依旧处于分裂状态。有的患者忽然变得自我孤立，尽管可以抑制冲突，但他的生活根基也开始动摇。他制造出一个理想化的自我——一个人格完整的成功人士，但新的问题也随之而来，他极力排斥真实的自我，以便掩盖新的问题，结果却让自己深陷困境。

局面失衡，如果不采取措施，便会彻底崩溃。患者开始寻求解决之道，他们会尝试很多办法，比如盲点作用、分隔作用、合理化作用、自我克制、自以为是、善变、犬儒思想，等等。当然，他们采取这些办法的时候都处在无意识的状态。对于这些作用有何现象，我无法在此做出阐释，那将是一个巨大的工程，在这里我只能解释一下，患者是如何运用它们的。

患者的行为已经极大地偏离了自我理想，但他却毫无察觉，这让我们实为诧异。不仅对偏离毫无察觉，他甚至对正在发生的明显冲突也浑然不觉。这种现象被称之为“盲点现象”。“盲点现象”通常会表现得很显著，以至于让我很轻松地看到冲突的存在，以及与其相关的诸多方面。举例来说，某个屈从型患者认为自己是圣人般的存在，却在一次交谈中淡然地说，在开会的时候，他极度想要把所有人都杀掉。此类的杀人冲动通常都产生自对毁灭的渴望，是无意识的，但是无疑和患者的理想化自我相悖。

一位执着于为科学献身的患者，自认为是伟大的发明家，然而，在策划著书立说的方向时，他的出发点不是科学研究，而是运气，他选择撰写市场反响有可能会很大的内容。对此，他并没有丝毫掩饰，因为他完全没有意识到这里面存在着冲突。类似的情况还有，一个男人的理想化自我是善良且率真的，但实际生活中，他不仅向女人要钱，还把要来的钱花在新欢身上，更重要的是，他觉得理所当然。

我们从这几个事例中可以看到，盲点作用是掩饰和排斥冲突，让它免于被意识捕捉。这种掩饰和排斥似乎进行得很轻松，甚至在博学多识的患者身上也极易发生。通常来讲，任何人都可以选择性地忽略自己不愿意接受的事物，但是忽略的程度和内心需求的强度直接相关，简单说就是，有多厌恶就会有多忽略。一切盲点现象都是因为人们打心眼里不愿意接受冲突的存在。不过，我真正想要知道的是，为什么在如此明显的冲突面前，人们还可以淡定地假装看不见。

说实在的，要做到这样并不容易，需要同时具备诸多特定的条件。其一，对自身情感失去知觉；其二，斯特勒理论中的隔离性生活方式，即只关注生活的局部，忽略了其整体性。斯特勒不仅对盲点作用有所解析，还对分隔作用也做出了详细阐释。在分隔作用的影响下，患者对一切事物都做出了划分：给朋友什么，给敌人什么；给家人什么，给外人什么；对公怎么做，于己怎么做；对权威之人什么态度，对弱势群体什么态度，诸如此类。在他眼中，是不同范畴内的事物各自分明，不相矛盾。他之所以会采用这样的生活方式，是因为他的人格因冲突的存在而难以再保持统一。说到底，分隔现象也是人格分裂的结果。这种现象和某种理想化意象颇为相似：冲突消失，矛盾依旧。我们尚不清楚，到底是此类理想化意象导致了分隔现象，还是分隔作用滋生出了理想化意象。不过无论怎样，生活的整体性都被无视了，这是产生理想化意象的根本原因。

要理解这种现象，我们还必须考虑文化因素。社会是复杂的，人是渺小的，很多人都会偏离真实自我，更谈不上去实现自我价值了。社会矛盾越来越多，也越来越严重，因而导致人们的道德意识越来越差，越来越麻木。伦理道德被人们忽视，于是谁也不会惊诧于有人既是虔诚的教徒，又是非奸即盗的罪犯。这世上没有人是人格完整的，于是我们的分裂状态永远也找不到完美的参照物。弗洛伊德把心理学视为自然学科，将其置于道德体系之外，这使得医生在分析过程中常常会感到迷茫，因为他会觉得如果自己没有彻底摒除道德理念，或是分析工组触及患者的道德观，那么他的态度就是“不科学”的，这样一来，医生就被蒙蔽了双眼，和患者一样看不到冲突。实际上，冲突不仅存在于道德体系中，也会存在于伦理范畴内。

接下来，我们来看看合理化作用，即借助逻辑推理实现自我欺骗。有人认为，合理化作用是在做自我辩护，或者力图让动机和行为被人们接受，不过这种观点不甚全面，只在一定范围内是准确的。拥有相同文化背景的人们自然会拥有相同的合理化准则，但是在同一准则下，合理化的条件和被合理化的因素都会有所不同。合理化作用的目的是制造人为的和谐，因此在患者的自我防御机制之中，合理化现象随处可见。患者通过逻辑推理强化了主要倾向，缩小或演化所有可能暴露出冲突的因素，以此将冲突隐藏得更深。这么做无异于自欺欺人，却能如患者所愿，有效地掩盖人格分裂。攻击性患者在帮助他人的时候，并不认为自己有同情心，而是觉得这无所谓。合理化行为是理想化意象的坚实基础，真实自我与理想化自我之间的差距被“合理地”消除了。除此之外，患者还会同时利用外化作用和合理化作用，证明某件事是外因所致，或者证明某个举动是自己对外界的正常反应。

在神经症患者身上，我们常常可以看到十分强烈的自我克制，其作用是为了防止矛盾的情感（情绪）爆发出来。在神经症初期，它时常表现为有意识的控制力，而后慢慢地变成自发行为。患者在自我克制时会排除一切干扰，比如激情、愤怒、欲望和怜悯等。同时，他很难在分析过程中配合医生进行联想，也不会选择用醉酒之类的行为麻痹自己，他宁愿忍受着痛苦。总而言之，他极力克制着所有自发性行为。在冲突外化的患者身上，我们可以很明显地看出这种特征。一般来说，掩藏冲突的办法主要有两种：一种是将某种倾向表现得尤为突出，而其他对立倾向都退居次席；另一种是通过自我孤立让冲突失效。不过，这两种办法都被克制自发性的患者抛弃了，他是通过理想化意象来维持自认为的人格完整的。当然，仅仅依靠理想化意象及其盲点作用，而不付出任何努力去平衡内心，那也只会徒劳无功。因为在面对各种杂乱无章的矛盾因素时，理想化意象也会变得混乱无力。在这种时候，意志力便开始起作用，无论是有意识的还是无意识的，都会阻止冲突爆发。于是我们看到了一个恶性循环：患者抑制了自我愤怒，内心渐渐不堪重负，爆发迫在眉睫，患者不得不通过更强势的自我克制去阻止爆发。一旦医生提醒他这是过度的自我克制，他就会辩解说，这是人人都应该具备的素养，而自我克制的强制性被他抛于脑后。他不由自主地进行着严苛的自我克制，假如收效甚微，他就会惶恐不安。这种恐惧感有可能会表现为：患者担心自己会精神失常，这正好印证了他自我克制的目的：维持人格完整。

自以为是也是患者的利器之一，其发挥的作用主要是消除内心的疑虑和外来影响。在冲突的周围常常萦绕着疑虑和犹豫，它们影响着患者的言行举止，严重的时候甚至会阻止一切行动。患者受限于内心，于是便被外在因素轻易地控制住了。如果一个人懂得坚持自我，就不会被外界控制，如果他总是犹豫不决，外界力量就很容易干扰他的决定。当然，我所说的犹豫不决不仅限于行为上的，还包括内心的摇摆不定，比如自我怀疑，即不敢肯定自己的价值和所作所为。疑虑会让人的生活能力大打折扣，且，并非人人都能忍受疑虑。有的人会把生活视为战斗，在他们眼中，疑虑是可怕的弱点。同时，越是自我孤立的人，越容易受到外界的影响而产生愤怒。基于此，我想说的是，如果攻击倾向和自我孤立倾向被结合在一起，会很容易让患者变得自以为是。攻击倾向越是表象化，患者的自以为是就越是强硬决绝。患者期望用顽固的自以为是来彻底解决冲突。受到合理化作用的影响，患者又洞察到内心的情感因素，并认为它们极不可取，必须克制。在某种程度上来说，他获得了暂时的平静，当然，这种平静很快便会被打破，他将面对更加糟糕的处境。于是我们不难理解，患者总是极其讨厌病情分析，因为他的和谐梦想很可能会就此破灭。

除了自以为是之外，有些患者还会表现为善变。此类患者总是变化无常，就像神话人物一样，为了逃避追捕一会儿变身为一条鱼，一会儿又变成一只鹿，看到猎人后又变成了一只鸟。对于自己说的话，他们要么会完全否认，要么就偷换概念，反正他们总有办法将焦点模糊掉。他们对事物的看法也总是令人捉摸不透，纵然他们也很想拥有鲜明的态度，但现实情况是，他们的观点总是纠缠不清，旁人无法理解。事实上，他们在生活中时常表现出紊乱的心性，时而阴险狡诈，时而又慈悲为怀；时而极端热情，时而又极度冷酷；时而无微不至，时而又粗心大意；时而狂妄自大，时而又任人践踏。他们在某些方面野心勃勃，在另一些方面又会否定自我。在做出伤害他人的行为之后，他们会内疚自责，尽力弥补，但过不了多久又会重蹈覆辙。简单来说，对他们而言，一切都是混乱不堪的。

在面对这类患者时，医生可能会感到迷茫，甚至不知所措。实际上，事情并没有那么严重。这类患者还没有实现人格完整的假象，也不具有清晰的理想化意象，他们的部分冲突逃脱了压制。无疑，他们是在尝试，而这样的尝试对他们而言依然是有价值的。无论怎样，其他患者终归还在极力维持自身的人格完整，而善变的患者却是实实在在地迷失了方向。另一种情况是，医生觉得这类患者的冲突显而易见，无须挖掘，治疗起来应该很容易。显然这也是错误的看法。我们在分析过程中发现，患者会极力隐藏关键信息，以至于治疗无法顺利进行，当然我们也很理解他是多么不愿意被别人洞察到内心。

最后，有些患者还会用犬儒思想武装自己，他们认为伦理道德一文不值。不可否认，任何类型的神经症患者都会对道德价值持怀疑态度，这是必然现象，不过通常来说，他们依然会守护一些符合自身判断标准的道德准则。犬儒思想的根源有很多种，但殊途同归，最终都给道德价值打了零分。也就是说，犬儒思想让患者彻底失去了信仰和寄托。

犬儒思想是有意识的认知结论，但总是会被阴谋论者利用。犬儒主义者认为，一切事物都是表象，只要不被惩罚，就可以随心所欲；世上之人，要么愚蠢，要么虚伪。在分析过程中，无论出于何种情况，只要医生提及“道德”一词，这类人就会敏感异常。这让我想起在弗洛伊德所处的时代，人们总是谈性色变，无论在什么场合，总会对这个词避之唯恐不及。当然，神经症患者的犬儒思想有可能是无意识的。尽管患者对自身的犬儒思想不自知，但其言行举止却将这种生活态度暴露无遗。有些患者还会因此陷入某种矛盾。比如，有的人对真诚十分看重，但他又很羡慕圆滑世故之人，同时自责“自己为什么做不到”。在治疗过程中，医生应该找机会让患者看到并了解自身的犬儒思想，并努力让他理解道德价值的重要性。

综上所述，我们已经了解了患者为解决基本冲突而采用的各种防御措施。我将这一系列防御措施所构成的防御机制称为保护性结构。在所有的神经症中，我们可以发现有多重的防御机制在同时运转，当然，它们的效用各有不同。

第九章

恐惧感

在对神经症进行深度探索的时候，我们常常会迷失方向。不过，我们深知，对神经症复杂性的了解有助于神经症的研究，而“误入歧途”也有利于我们全面地观察神经症的特征。

在上一章里，我们已经讨论了保护型结构的相关问题，已经了解到各种防御机制的建立和运行，以及最后出现的某种固化状态。在进行防御的过程中，患者不惜付出巨大的代价，这让我们深受触动，也备感疑惑。患者究竟受到了何种力量的驱使，才会甘愿行走在如此艰难的道路上？究竟是什么让神经症结构变得顽固不化？难道只是因为畏惧基本冲突的破坏性吗？或许我们可以用类比的方式寻求答案。当然，类比未必精准，但会让我们看到宽泛的意义。假设某个带有污点的人通过造假的方式回归了社会，他时刻担心着自己会被揭穿。后来，他的处境有所改善，有了固定工作，有了朋友和爱人。他很珍惜现在的生活，也越来越害怕会失去幸福。他为当下的自己感到骄傲，想要极力摆脱过去的自己。他不断地做着善事，甚至捐钱给过去的同伙，只是为了消除往事所带来的心理阴影。与此同时，他的人格发生了变化，把他一步步推向新的冲突之中。最初，他将自己伪装起来，以便重新开始生活，到最后，这种伪装成了他生活的沉重负累。

同样的道理，不管神经症患者作何努力，基本冲突也不会消失，它最多只会变异——有些倾向被削弱，有些倾向被强化。这无疑是种恶性循环，冲突只会越来越严重，因为每一次防御都是在破坏患者与自我的关系，以及与他人的关系，而如我们所知，冲突正是在这种关系中产生的。新的冲突因素（理想化意象，或是幻想自己已经成功，抑或感觉自己出类拔萃）会在患者的生活中变得愈发重要，于是患者有了新的恐惧，担心这些"好东西"被破坏。他越来越疏离真实的自我，从而失去了自愈能力。此时，他已经无法挣脱困扰，无法向前迈步，被彻彻底底地困住了。

保护性结构虽然严谨，却很脆弱，还会滋生新的恐惧感。比如，害怕失衡。尽管防御机制让他感到平衡，然而这种平衡经不起丝毫碰撞。患者意识不到这种危机，但可以从很多方面感受到它的存在。他从生活经验中看到，自己会毫无缘由地、不分时间和场合地做出各种反应，比如忽然间勃然大怒、莫名地亢奋、无厘头地抑郁等。这些感受让他对自我产生了怀疑，丧失了自信。他生活得战战兢兢，心理失去了平衡，甚至连走路的姿势都失常了。

这类恐惧感最典型的表现是担心自己精神失常。在恐惧感尖锐到一定程度时，患者便需要向精神病医生求助，因为此时的恐惧感背后常常隐藏着疯狂行事的冲动，而又不带有一丝罪恶感。当然，患者害怕精神失常，并不代表他真的会精神失常。一般来说，这种恐惧感并不会存在太长时间，并且只会在极端抑郁的情况下才会出现。对患者而言，这类恐惧感的最大威胁是它会挑衅理想化意象，或者导致过度紧张，从而让自我克制失效。

举个例子，某个自认为温和可人又不失勇敢的女性，在遭遇某个巨大麻烦时惊慌失措，她深感无助，并恼怒于自己的懦弱，在这样的情况下，她内心的恐惧感油然而生。她的理想化意象原本将她的人格“保护”得好好的，如今却被无情地打破，她不得不直面人格分裂的危险。我们曾经提到过，自我孤立型患者被强行拉入人际网络后会感到恐惧，其表现便是害怕自己精神失常，甚至会伴随着精神失常的症状。此外，当患者制造的虚假和谐被打破后，他瞬间意识到自身的分裂时，类似的恐惧感会立刻席卷而来。

通过分析，我们发现，对精神失常的恐惧主要源自无意识的愤怒。在医生的帮助下，患者的恐惧感会有所减轻，降低到“担心”的程度，他会担心自己在失控的情况下伤害他人，甚至杀人。他害怕做梦，害怕饮酒，担心自己不够清醒或过度亢奋，并因此做出攻击性行为。无意识的愤怒会让患者感到莫名恐惧，并伴随着其他一些症状，比如冒汗、晕厥等。在这种情况下，患者真正恐惧的其实是自己，他害怕自己压制不了随之而来的暴力倾向。无意识的愤怒一旦被外化，患者便会恐惧一切自认为带有毁灭性的外部力量，比如雷电、野兽、罪犯，甚至鬼怪。

总的来说，害怕精神失常的情况还是很少见的，最常见的恐惧其实是害怕失衡。一般来说，这类恐惧很隐秘，外在表现很模糊，诱因也很多，比如生活习惯的改变。有的人无法面对旅行、出差，以及工作变动之类的情况，并会因此感到不安。他们会竭尽所能地避免一切变动。他们觉得这种恐惧感会对人格完整产生威胁，但他们同时也害怕医生的分析，于是自作主张地做出了应对。他们之所以不愿意接受分析，是因为他们顾虑重重，总是在纠结：如果接受了分析，自己的婚姻是否会被破坏？工作能力是否会受到影响？自己是否会暴躁不安？信仰是否会被干扰？这些顾虑看起来不无道理，并让他们拒绝一切有风险的尝试。然而，在顾虑背后，他们真正的不安却另有所指：他们害怕分析会打破自身的平衡状态。我们深知，要对这类患者进行分析是很困难的，因为他们原本就已经处于失衡状态，却不自知。

那么，医生在分析过程中难道就不能维持患者的平衡吗？显然不能，要知道任何分析过程都必然会让患者感到不安。医生需要让患者明白恐惧的真实情况，患者会因此感到失衡，但实际上，这一切都是在帮助他重建真正的坚实的平衡状态。

恐惧感还有可能表现为：害怕暴露自己。事实上，这是患者为了维持保护型结构而采用的障眼法。患者希望自己看起来比真实自我更加和谐统一，于是便在他人面前展现出了更加体谅、更加宽容、更加强大或者更加冷漠的状态。我们很难做出判断，认为要么是他自己害怕面对真相，要么是他害怕让他人看到真相。在他的意识中，关注的焦点自然是别人，其恐惧感的外化程度越高，他就越害怕别人看到真相。或许他认为自我评价一点都不重要，就算发现自己有什么缺点也可以偷偷地解决掉，别人不会知道。显然这是不可能的，但这种态度恰恰又是他有意识的想法，并且反映出其恐惧感的外化程度。

因为害怕自我暴露，于是患者对“被揭穿”感到畏惧，但这种恐惧感表现得也很模糊。有的患者会觉得自己在自欺欺人；有的患者会忽然重视起原本兴趣寥寥的事物；有的患者担心自己不如人意，没看起来那么才智过人，于是开始关注那些自身不具备的才能。有的患者会忽然想到，自己上学的时候总是提心吊胆的，因为感觉自己是靠作弊才拿到第一的。他害怕被人揭穿，因此换过很多所学校，然而每到一个学校他依然会拿第一，于是他的焦虑陷入了无限循环。他很纳闷，自己为什么会有如此毫无缘由的奇怪想法。他看不懂自己，是因为错误已经将他包围。事实上，对“被揭穿”的恐惧和智商高低并无关联，只是被人为地转移到智商方面。

这类恐惧所涉及的事物和看法都是不真实的，也都是在无意识中产生的。比如一些优秀学生自认为并不看重成绩，但实际上他们总想在成绩上超越所有人。于是，我们可以得出这样的结论：这类恐惧和某种客观因素有关，但并非患者自认为的那一种。这种恐惧最常见的外在表现是害羞或者惭愧。不过，患者害怕“被揭穿”的事物其实是不存在的，这对医生来说是个极大的考验。如果医生一味地深入剖析，希望能挖出什么“秘密”，那么患者将会越来越担心自己是不是真的有什么不自知的“秘密”，于是开始自我审视，自我反省。他有可能会把曾经的风月之事或是罪恶想法都倾泻而出，如果医生任由他乱说一气，显然分析工作便无法顺利进行下去了，患者对“被揭穿”的恐惧丝毫没被削减。

害怕“被揭穿”的导火索数不胜数，无论是面对新工作、新朋友或是新学校，还是参加考试、公益活动或者各种会议等，只要是被置于他人视线之内，患者就会感觉自己是在接受判决。这些情形常常被患者误认为是害怕受挫，实际上却是害怕暴露自己。因此，就算是功成名就，也无法消除患者的焦虑，他会认为自己不过是运气好，但未来又该怎么办？如果遭受挫折，他就会更加坚定地认为自己始终是在自欺欺人，终究还是被揭穿了。在面对新环境或新形势时，他会因为害羞而显得极为不自然；在受人喜欢或重视时，他依然会小心谨慎，他会想：“当他们了解我之后，就不会喜欢我了。”显然，这类恐惧感会对分析工作造成很大的阻碍，毕竟分析的目的就是想要“发现点什么”。

患者害怕“被揭穿”的情况有无数种，而每一种都需要采取不同的防御措施来应对。通常，患者会采用对立的方式来消除恐惧，具体方法和患者的个性直接相关。一方面，患者会表现出某种主要倾向，比如逃避一切考验，如果逃避不了，他便会自我克制，谨慎戒备，并给自己戴上面具；另一方面，他又在无意识中希望自己毫无污点，不怕被别人看穿—— 这种态度显然带有防御性和自我欺骗性。在这样的情况下，医生的分析总是会遭到他的狡辩和抗拒。

我们已经知晓了“患者害怕暴露什么”，若要进一步理解患者对“被揭穿”的恐惧，我们还需要探究一下：如果被揭穿，患者最怕什么？于是，另一种恐惧进入了我们的视野，那就是：患者害怕被人轻视、嘲讽以及羞辱。因为防御机制很脆弱，所以患者害怕失衡，进一步又害怕暴露自己，怕被人揭示真相。为了保护自尊，患者会极力避免自己遭受轻视、嘲讽和羞辱，而我们之前提到的理想化意象和外化作用，其实都是患者尝试着修复自尊的手段和过程，只不过真实情况是，它们又在伤口上撒了一把盐。

在神经症发展的过程中，自尊的演变其实是两个相互作用的结果。第一个相互作用是：真实自尊持续降低，虚假自尊也就是傲慢不断升高。众所周知，一个人如果孤高自傲，通常都是因为自认为高人一等，甚至唯我独尊。第二个相互作用是：患者极度鄙视自我，却过度高估他人。在经过自我克制、外化作用和理想化意象等过程后，患者已经和真实自我背道而驰，如同行尸走肉一般。患者渴望亲近他人，觉得离不开别人，同时又害怕亲近他人，觉得任何人都可怕又可恨。他关注的焦点从自身转移到他人身上，并且把自身权益也抛给了旁人。这样一来，别人的看法成了他生活中的权威指标，而自我评价却变得微不足道。这样的情形在所有神经症中都可以窥见，患者对轻视、嘲讽和羞辱的恐惧也会表现得十分明显。显然，这种恐惧感的根源同样是繁杂的，想要被减轻也很不容易，只能随着其他症状的缓解而有所改善。

通常来说，这种恐惧感会在患者和他人之间筑起一道墙，并让患者敌视他人，更值得注意的是，它还会让患者失去斗志，变得懦弱。患者不再敢渴望亲近他人；不再敢对他人有所诉求；不再敢和优秀之人交往；不再敢奋勇直前；就算有独到的见解也不再敢直抒己见；就算拥有创造力也不再敢发挥；就算有独特的魅力也不再敢释放出来……偶尔，他想要去尝试去实践，然而一想到有可能会被人耻笑，便立刻抹杀掉想法，躲回到谨小慎微的保护壳里。

还有一种极难被察觉的恐惧感——害怕改变自我——可被视为所有恐惧的最终落脚点。在害怕改变自我的心态下，患者会表现出两种极端的态度：一种是，认为“船到桥头自然直”，改变该来的时候自然会来，于是任其发展，毫不管束；另一种是，认为改变迫在眉睫，于是不管不顾地直接插手。持有第一种态度的人固执地认为，不管什么问题，什么错误，只要看见了，承认了，那就够了。如果有人告诉他，为了追求自我统一，他的态度和倾向都必须有所改变，他不仅会无比震惊，还会无比担忧。很快，他便理解了其中的深意，但依然会在无意识中抗拒到底。持有第二种态度的人会觉得自己已经有了改变，当然这也是在无意识中进行的。患者对自身的各个方面都不满意，甚至到了忍无可忍的地步，再加上被“自以为是”极力怂恿，于是产生出这样的假想。他始终认为，自己想要消除什么麻烦，什么麻烦就会主动消失。

在害怕改变自我的背后，我们看到了患者更真切的恐惧：害怕理想化意象破灭，担心自己会变得跟普通人一样，或者变成自我不喜欢的样子，又或者失去了精神支柱。说到底，他在害怕不自知的事物，害怕失去幻想的安全感，甚至是在害怕自己终究无法得到真正的改善。如此一想，患者的状态既可怜又可悲，难怪会对改变自我如此排斥。

所有恐惧的根本原因都在于冲突的存在。只有直面恐惧，人格才能真正统一起来。换句话说，我们必须克服这些恐惧所反映的自身缺陷，才能拯救自我。当然，实际情况是，说起来容易做起来难。

第十章

人格分裂

冲突依然存在，它给患者带来的巨大影响仍未消除，我们还有很长的路要走，而这条路前人从未踏足过。为了进一步探索神经症，我们还需要了解更多的症状，比如抑郁、嗜酒、癫痫和痴呆等。我希望我们的探索具有普遍性，且保持正确方向，于是我提出这样一个命题：如果始终无法解决内心冲突，那么我们的精神状态、人格的统一以及人生的意义究竟会受到怎样的影响？如果找不到这个问题的答案，我们就无法了解神经症患者的根本属性，从而无法掌控神经症症状。现代的精神病研究偏向于用简单的理论解释并发症，这契合了临床医学的需要，但实际上并不科学，也不会有好的效果。

其实这个命题所涉及的很多要素我们在前文已经讨论过了，在这里我将做一些补充。我希望让神经症的各种概念更加清晰具体一些，而非仅仅停留在“冲突有害”

的阶段，要知道，冲突对人格的破坏能力是巨大的。

冲突的存在会消耗人们的生命力，不仅因为其本身很折磨人，还因为人们注定会不自觉地寻求各种解决之道，而这些解决之道又都是无用功。如果一个人的人格已经被分裂，他就不可能将精力汇聚到某一事物上，而总是想要同时解决多个相互矛盾的事情。他的精力会被分散，或者他为个人目标所做的努力会遭遇失败。一旦精力被分散，患者便会被理想化意象诱导，感觉自己出类拔萃。我曾遇到过一位女性患者便是这样，她给自身的定位是贤妻良母，希望从事创意类工作，生活得足够体面，能在社交领域和公开场合一展风采，不仅如此，她还幻想拥有一段婚外情。显然，她的想法都脱离了实际，最终都被现实浇灭，而她的精力也都被消耗掉了。

和精力被分散相比，个人目标无法实现的情况更加常见，因为矛盾双方始终在制约彼此。有的人希望能和别人交朋友，但潜意识里又想控制别人；有的人希望儿女能担当重任，但又想一揽大权。显然，他们的个人目标永远也不可能实现。还有的人想要著书立说，但自身总是病病恹恹，也不善言辞，结果不言而喻。当然，这类人的失败还受到了理想化意象的影响，他们并非自认为的那样才华横溢。

如果无法获得想要的效果，患者便会迁怒于自己。比如，如果有人在会议上发表了真知灼见，那么他会要求自己一定要提出更好的想法，并获得所有人的认可与赞赏，但与此同时，他的自卑感被外化，他又极为害怕被人嘲讽。长此以往，最终，他的思维能力大打折扣，甚至被彻底锁死。另一种情况则是，患者的思维能力未受影响，但却出现虐待狂倾向，从而和他人对立起来。在日常生活中，类似的情况还有很多，我们在此不做赘述。

如我们所知，大多数患者的思维都很混乱，精力都很分散，不过也会有例外的情况。有些神经症患者所表现出的专一性令我们倍感震惊。如果是男性，他可能为了个人目标不惜付出一切代价，甚至是自尊；如果是女性，她有可能只为爱情而活；如果身为父母，可能会把一切想法都强加到孩子身上。从表面上来看，这类患者的专一性程度非常高，但实际上，他们无一例外都是在追逐某种假象，因为他们认为这样做可以解决冲突。总之，这种浮于表面的专一并不代表人格的完整。

如我们刚才所说，保护性结构会消耗患者的精力。在压制部分冲突时，部分人格会被掩藏，而这部分被掩藏的人格会对患者形成干扰，但自始至终都不会产生有意义的效用。这样一来，精力被白白浪费掉，更为可惜的是，这些精力原本可以用来重建自信和重建人际关系。此外，患者的自我疏离也会造成精力的浪费。这类患者具备一定的工作能力，也能够在外力的作用下付出努力，不过一旦放手让他自力更生，他立马就会感到茫然无措。事实上，除了工作，其他任何事情都无法引起他的关注，他机械地生活着，抛弃了所有的创造力。

在各种因素的共同作用下，大多数患者的人格都会受到大面积的伤害，并因此感到无比压抑。为了帮助患者消化和清除这样的压抑感，我们必须反复进行分析，从而总结出各种处理方式。

我们发现，精力的损耗和浪费主要源于三种严重的心理紊乱，而这些紊乱的情况又都源自内心的冲突。

第一种情况是犹豫，不管是什么场合，什么事情，患者都无法做出明确的决定，总是摇摆不定。应该吃什么菜？买哪个皮箱？看什么电影？从事什么工作？事业朝哪个方向发展？和哪个异性在一起？要不要离婚？要不要放弃生命？等等。如果非要他做出不可改变的选择和决定，他就会如临深渊，不知所措，搞得自己精疲力竭。

尽管患者在心里十分犹豫，但这种犹豫往往很难被人看出来，因为他总是在无意识中回避着一切可能需要做出决定的事情。患者可能会采取拖延和逃避的方式，坐等他人替自己做出抉择，或者“让时间决定一切”，也可能会故意混淆视听，让决定失去意义。当然，这样一来，他便会不自觉地进入漫无目的的状态。犹豫的状态被患者千方百计地隐藏起来，这让医生很难找到相关的信息，治疗工作因此受到了阻碍。

第二种情况是毫无效率。我所说的并非是缺乏某一特定能力，这种情况大多是因为缺少兴趣或者缺乏培训，也不是指潜在能力，并非像威廉•詹姆士所说的那样(《记忆和研究》，威廉•詹姆士，1934 年）。威廉•詹姆士曾说，人在感到精疲力竭的时候，通常是可以继续坚持下去的，或者在外力作用下爆发出某种巨大潜力。而在这里，我所说的“毫无效率”指的是：因为内心冲突的阻碍，人无法将能力发挥出来，从而导致行为毫无效率。就好比一个人在驾驶汽车的时候一直踩着刹车，结果只会一动不动。对于患者来说，情况的确如此，无论是从其本身能力来看，还是从工作的难度和强度来看，照理说他都不该如此无力。

实际上，他已经很尽力了，他认真对待着所有的事情，并为之付出了超乎常人的努力。譬如，一篇短小的报告或是一个简单的舞蹈动作，都需要花费他一整天的时间，因为他的障碍实在太多了。他可能会无意识地抗拒一切压迫，可能会苛求每一处细枝末节，可能会对自己甚为不满，也可能会埋怨自己总是举棋不定，错失良机。毫无效率的表现并非只限于行动上，还会让患者变得迟钝，以及健忘。如果一个全职主妇总是暗自神伤，觉得自己“英雄无用武之地”，天天被困在一堆家务事里，那么，就算她出去工作，也绝对做不出任何成绩。并且，她不仅会在处理家庭事务时变得迟钝，还会在其他事务上变得毫无效率。她的主观意识被扭曲了，从而影响到实际行动，就算她付出百倍的努力去做事情也不会有什么效果，最终只会让自己精疲力竭。

人际关系亦是如此。有些人既想与人为伴，又厌恶亲近他人，认为那是恭维应酬，于是他们会表现出做作；有些人想委婉地向他人索取，又觉得自己应该强取豪夺，于是他们会表现出野蛮；有些人希望自己能有突出的表现，同时又想要随波逐流，于是他们会表现出犹豫；有些人渴望与人接触，却担心被拒之门外，于是他们会表现出胆怯。诸如此类，不一而足。总之，冲突的覆盖面越广，主观意识的扭曲程度便会越高。

在某些特定情况下，主观意识的扭曲程度会越来越高，和自然状态的差异化越来越大，以至于部分患者会有所觉察。对于自身的疲惫感，患者总是会找出各种外因，比如身体不适、工作繁重、睡眠不足等，当然，这些外因是有可能的，但绝对不是最重要的。

第三种情况是懈怠。持有懈怠心理的患者总是自责，在这背后，很有可能隐藏着不甘。他反感一切形式的努力，在合理化作用的影响下，觉得自己有行动方向即可，不用亲力亲为地执行具体事务。有的时候，这种反感会变成恐惧，患者害怕努力的结果会伤害到自己。不论是反感还是恐惧，都会让患者心力交瘁，如果医生意识不到这一点，再多的忠告都无济于事，只会令患者愈加疲惫。

懈怠状态下的神经症患者，其主观能动性几乎为零。通常，造成这种情况的原因是严重的自我疏离，以及奋斗目标模糊不清。患者一旦长期感受到自身努力被白费和主观意识被扭曲，他便会一直颓废下去，虽然偶尔也有可能会被激发起某种热情。究其病因，最主要的还是理想化意象和虐待狂倾向。患者不断地努力着，却得不到回报，这让他强烈地感受到挫败，意识到自己并非如理想化自我那般强大。同时，他觉得所做之事普普通通，不如不做，于是又回过头去继续幻想。然而自卑感早已深入内心，在理想化意象的“协助”下，彻底夺走了他的自信，让他觉得自己一无是处，从而抛弃了一切生活的乐趣。在面对一切带有攻击性的事物时，虐待狂倾向（尤其是在该倾向发生倒错时，即倾向被压制时）会令患者无节制地退缩，并会对精神状态造成不同程度的打击。懈怠心理不仅会影响行动，还会影响情感，因此我认为它意义重大。我们已经深知，只要冲突还存在，患者的精力就会被浪费，并且损失不可估量。在这里我还想说的是，神经症产生自文明社会，它对人们造成巨大的伤害，并以此来控诉所谓的文明制度。

冲突的存在不仅分散着我们的精力，还分裂着我们的道德观。这里所说的道德观是指一切道德准则，以及影响着我们自身发展与人际关系的感受和行为态度。精力会因分散而浪费，同样，道德观的整体性也会因分裂而受损。这都是因为患者始终想要同时朝多个方向去努力，然而这些努力的方向却是相互矛盾的，不仅如此，他还极力地想要掩饰这些矛盾。

在基本冲突中，我们也可以看到这些对立的价值观。患者力求让它们保持平衡，但还是无法消除它们的影响，依旧会被持续干扰。当然，实际上，任何一种价值观都不会被患者格外重视。理想化意象蕴含着真实理想的成分，尽管是假象，但患者却完全无法识别。这就像让一个非专业人士去辨别真假支票一样，实为困难之举。有的患者坚信自己是在为达成理想而奋斗，表现得异常勤勉，并因此会为犯下的每一个错误深深自责。有的患者会在想起或谈及自我价值时沉醉其中，不可自拔。在理想缺乏强制性时，有的患者便会将理想遗留在角落里，但当他发现某种理想可以被利用时，便会重新开始追逐。我们在讨论盲点作用和分隔作用时曾涉及这方面的内容，但这种情况还是比较少见的，通常我们更容易看到，患者原本对理想持有严肃认真的态度，却经不起诱惑而放弃了追求。

一般而言，破坏了道德的完整，便减小了真诚，从而增强了自我中心趋势。说到这里，不妨提到一个事实：在日本的佛教经文中，真诚是等于专心致志的，这恰好佐证了我们在临床观察基础上做出的结论，那就是，内心有分裂的人不可能完全真诚。

通常情况下，道德观的整体性被破坏之后，人的真诚度便会降低，以自我为中心的趋势便会增强。在现实中有很多类似的事例，比如，日本佛学对真诚的定义是专注，这和我们的临床结论很一致，也就是说，人格在分裂之后也失去了部分，甚至全部真诚。

在铃木大拙的作品《佛教及其对日本文化的影响》中有这样一段对话。僧问："我听闻猛兽狮子在追捕行动中总是拼尽全力，无论猎物是兔子还是大象，请问师傅，这样的力量到底是什么呢？"师答："这种力量是真诚，或曰不欺，也就是'全身心地投入到行动之中'，……不留余地，不躲闪隐藏，也不虚伪损人。如果能像这样生活，那就可以称得上是真正的强者——强大、真挚、专注，如圣人一般。"

以自我为中心的心态和行为，从道德观的角度来说也是有问题的，因为它企图让他人屈从于自身需求。患者认为自己高人一等，享有特权，而别人只是自己实现目标的棋子罢了。为了缓解焦虑，他表现出与人亲近的举动；为了满足自己强烈的自尊心，他尽力给人留下深刻印象；为了推卸责任，他责难他人；为了独揽成功的机遇，他千方百计地令他人受挫。

伤害别人的形式多种多样，因人而异，大多数我们都已经有所谈及，此处需要再深入探讨一番。当然，我们没有办法一一阐述，比如虐待狂趋势，只能留待后文再叙，毕竟它可以被视为神经症发展过程的最后阶段。综合之前所做的了解，我们不难发现，有一个因素总是贯穿于各种类型的神经症之中，那就是：无意识的假象。

有一些假象会表现得较为突出，比如：

爱的假象。这里面所蕴含的感受和需求是多种多样的，甚至包括患者主观意识中，自认为是“爱”的表现和感觉。爱的假象能够反映出患者的寄生性期待——患者自认为弱小不堪，空虚无助，因此无法独立生活。这种假象主要会出现在攻击型患者身上，通常表现为某种欲求，比如想从某人身上得到好处，通过依附某人获得权威感和成功的机会，等等。有的患者会表现为征服和战胜对手；有的患者会表现为融入对方的生活，以此来继续自己的生活；还有的患者会用极端的方式来实现目标，比如虐待某人。在当今这个时代，“爱”已经不再单纯，夹杂着太多背叛和暴力，甚至有的时候人们会觉得“爱”失去了温度，只剩下冷漠、鄙夷和厌恶。其实，爱的本质很难改变，爱的假象终究会幻灭，一切都将原形毕露。另外补充一句，爱的假象不仅会表现在亲情和友情中，也会表现在性关系中。

善的假象。无私也好，善良也罢，都属于人的品德，这种品德方面的假象主要会出现在屈从型患者身上。如果患者通过理想化意象压制了攻击性倾向，那么他身上的这种假象就会更加严重。

无所不知的假象。如果患者忽视了自身真实的情感诉求，认为只有理智才能掌握生活，那么他身上便会体现出“无所不知的假象”——对各种事物都表现出关注，假装自己什么都懂。还有一种比较难洞察的情况，那就是有些患者无意识中“甘愿为某个事业付出全部”，实际上他不过是在利用这种感觉“鞭策”自己奋进，以实现目标的成功，获得权力和财富。

真诚的假象。这种假象也是攻击型患者的特点之一，特别是在虐待狂倾向较为突出时会产生。患者看透了他人的伪善，觉得自己没有被侵蚀，没有做虚情假意之事，没有标榜爱国，没有妄称虔诚，自己的真挚无人能比。事实上，他的虚伪根深蒂固。看起来他是在对抗偏听偏见，不愿随波逐流，说到底他是在盲目地否定一切传统价值观。他做出的否定未必是强有力的，甚至有可能只停留在“打败对方”的想法上。在他的字典里，真诚的表现就是对他人公开嘲讽和侮辱。很多时候，他一边宣扬着自我的真诚，一边为个人利益伤害着他人。

痛苦的假象。对这类假象的定义，目前还有一些分歧，弗洛伊德学派的心理学家们认为，从某种角度而言，神经症患者本身是需要一些负能量的感受的，比如感到自己未受重视，深感焦虑，以及渴望被惩罚。他们不仅坚持这种观点，还总结出相关数据以做支撑。然而，他们口中的“需要”，其实还包括了很多有意的过失。实际上，神经症患者对痛苦的认知并不全面，甚至通常只会在康复过程中才有所体会。值得一提的是，那些心理学家们并没有理解到，痛苦源自冲突的存在，不可避免，也不因主观意愿而改变。人格分裂一定不会是患者自身想要的结果，而是受迫于内心所需。假如患者真的放弃了自我，左脸被打了还要把右脸凑过去，那么他会下意识地痛恨自己，看轻自己。而他又十分畏惧自身的攻击倾向，于是走上了另一个极端，甘愿承受他人的虐待。

痛苦的假象还会让患者夸大自身的遭遇。他把自身所遭受的痛苦视为可以炫耀的资本，并尝试着让自己更痛苦。当然，他可能另有所图，比如让自己获得关注或原谅。患者在无意识中利用这种假象来维护和实现个人利益，也有可能是借此压制内心的报复倾向。考虑到患者强烈的自尊感和真诚感，我们认为，有些患者将痛苦的假象视为实现目标的唯一方式。我们时常可以看到，他总是为自身的痛苦找借口，而这些借口看起来是那么蹩脚，于是人们会感觉他的痛苦莫名其妙。因此，他感到更加痛苦，并认为这些痛苦都是自作自受，却始终没能意识到，他痛苦的根源在于自身无法企及理想化自我的高度。当他和爱人两地分居时，他会万念俱灰，并觉得这是因为自己爱得太过深切。

当然事实并非如此，他正在遭遇人格分裂，因此无法忍受独居的生活，最后他对对方歇斯底里，却只觉得自己备受煎熬。曾有这样一位女性患者，她因为爱人没有给自己回信而深感痛苦，其实这种痛苦的本质是愤怒，因为她渴望事事顺心，认为被冷落就等于被侮辱。这种痛苦是她在无意识中自选的，她回避了自己的愤怒，也没有意识到愤怒的根源。除此之外，她还不断强化着自身的痛苦，以掩饰她在人际关系中的两面性。综上所述，我们可以看到，没有哪个患者是甘愿自讨苦吃的，所有的表现都不过是痛苦的假象。

在对他人造成伤害的情况中，有一种很特别，源自患者无意识的自大倾向。类似的情况我们在前面也谈到过：患者自认为拥有某些原本并不具备或者并不突出的品德，并在无意识中产生出支配他人的诉求。如我们所知，神经症的自大倾向是无意识的，神经症患者的需求也是不自知的。在这里，我们所要探讨的并非有意识的自大和无意识的自大有何分别，而是过度谦卑背后的自大和招摇过市的自大有何分别。我认为，其分别并不是自大的程度孰高孰低，而主要是患者所表现出来的攻击性孰大孰小。以自大程度作为标准的话，我们可以看到，患者在未被赋予某种特权时感到很受伤；以攻击性大小作为标准的话，我们可以看到，患者会毫无忌讳地索求某种特权。然而，在这两种情形下，患者都不具有真正的谦卑品德。在我看来，患者很难接受他人的意见，很难认为自身有缺陷，也很难为此做出自我分析，如果同时还具有自大倾向，那便是难上加难了。

患者会谴责自己的过失，却不会承认自身的浅薄。他宁愿为自己的莽撞或懈怠买单，也不愿接受“人人都有可能犯错”的现实。尽管他会自责，但同时他仍然会对他人的意见感到不满，这种矛盾也是自大倾向的突出表现。患者往往会觉得深受伤害，但我们却很难察觉，尤其是在过分谦卑的患者身上，此类感受可能被隐藏得很深。不过他本质上和狂妄之人一样，对他人十分苛刻。他常常称赞别人，放弃自我观点，但内心却期许自己能同样优秀，而在批评别人时，他也并没有我们想象中的那样温和。这一切说明，他并不会真正地尊重别人。

在道德范畴内，还存在另一个问题，那就是立场不坚定，以及因此而造成的其他方面的不坚定。神经症患者的立场通常都很情绪化，他很难依据客观因素来做决定，更多的则是依据自身情感所需。然而他的情感走向又常常相互矛盾，这就造成了他的立场随时都可能会改变。于是，很多患者都很容易无意识地被众多外因影响，比如温情、权威、名利，以及所谓的自由。

在患者的人际交往中，此类现象比比皆是，涉及和其他人的互动，以及和群体的互动。患者总是刻意隐瞒自身的真实观点和感受。他所感受到的失望、忽略和冷落，不论大小轻重，都会让他果断放弃一段关系。他的热情不能遇到一点挫败，否则便会立刻瓦解，被萎靡不振取代。个人恩怨可以让他轻易地改变自身信仰、政治立场，以及生活哲学，等等。在私底下，他宣称自己态度鲜明，然而一旦受到权威观点的冲击，或是群体性的施压，便会立刻妥协退让，更重要的是，他很可能根本就不清楚自己为何会改变了想法，甚至完全没发现自己的想法已经改变了。

神经症患者会下意识地回避任何可能让自己动摇的情况，一般会表现为：绝不率先发表看法；保留意见，持观望态度，以便最后轻松站队。他认为自己的态度和处理方式是合理的，因为事情复杂难以决断；或者他会宣称自己是为了公平公正，被迫这么做的。我承认，追求公正的想法是难能可贵的，同时，为了力求公平公正，人们在很多时候都会犹豫不决。但是，对神经症患者而言，“追求公正”很有可能是理想化意象下的一种倾向，并带有强制性，其目的是消除“发表自我观点”的必要性，并让自己看起来是在保持中立。通俗点来说，患者的行为是在和稀泥，而他内心的想法是，这些观点看起来并不对立，或者这些持不同观点的人看起来都是对的。他自认为的“客观”显然是不客观的，只会让他更加远离事物的本质和真相。

为了不让自己的立场被动摇，不同类型的患者会采用不同的“回避”方式。自我孤立型患者会表现出极大的正义感，时刻远离恶性竞争和不轨行为，拒绝任何诱惑。在生活中，他总是以旁观者自居，因此也总能做出客观的判断。当然，并非所有的自我孤立型患者都有鲜明的立场。他可能会拒绝发表意见，拒绝参与争辩，也可能会人云亦云，摇摆不定，而这一切都是因为他没有主见。

相反，攻击型患者看起来总是立场鲜明，特别是自以为是的患者，不仅有能力做出决断，还会极力坚持和维护自己的观点。然而，这都是假象。当他持有某种坚定的看法时，并不是因为他真的就那么想，而是因为他想要将内心的顾虑全都压制住。也正因为如此，他的观点常常都很盲目，很教条。另外，他也绝非稳如磐石，某些诱惑依然会让他动摇，譬如功成名就。换句话说，这类患者具有一定的坚定性，但这种坚定性会受到其内心需求的影响。

神经症患者对“责任”一词的理解很是耐人寻味。所谓“责任”，意义众多。有的时候，责任被定义为满怀善意地、自觉地完成某种义务。从这个层面上来看，患者有没有尽到责任，和他的神经症结构密切相关，不同的患者自然会表现各异。有些患者认为责任是指：如果自身行为对他人造成了影响，那么就要对该行为负责；有些患者认为“责任”是“命令”的代名词，只不过是种隐晦的说法罢了。有些患者觉得自己应该担负起某种责任，或者应该受到责备，而实际上他只是在表达对自我的愤怒，痛恨自己无法达到理想中的高度。毋庸多说，这样的“责任感”并不是真正的责任感。

真正的责任感意味着，我们要从实际出发，坦诚相待，承认一切意图和言行，并自愿承担后果。这个过程中没有一丝一毫的自欺欺人和责难他人。对于神经症患者而言，这是何其难之事。说到底，他根本就不知道，或者说根本就不想知道自己究竟做了什么，以及为什么要这么做。因此他总是竭力地推卸责任，找各种各样的借口，比如忘记了、误会了、迷糊了、忽视了，或者干脆矢口否认。他觉得自己永远都是对的，所有的麻烦都是别人造成的，爱人也罢，同事也好，反正没有自己什么事。另外，还有些患者会觉得自己无所不能，从而认为自己可以随心所欲，并且不受责任的束缚。他毫无责任感，没有能力承担任何后果，甚至意识不到后果的存在。一旦他发现自己无法逃避责任，他那无所不能的幻想便会彻底破灭。

还有些患者似乎遭遇了某种思维障碍，无法看出事情的因果关系。在旁人看来，这类患者的核心思想只有两个：过失和惩罚。他会觉得医生是在责难自己，从不会认为医生是在帮助自己面对内心冲突。在和他人打交道时，他时常会觉得自己被人质疑、被人批评，因此时刻都处于戒备状态。事实上，他有这样的感受，完全是因为其理想化意象在施加影响。进一步，这种内心冲突被外化，让他对自身处境失去判断能力，看不出因果联系。不过，如果事情与他无关，他依然能够做出合理的判断，比如，天下雨了，地上湿了，他绝不会去追究这是谁的责任。

通常，人们会坚持和守护自认为正确的观点和行为，并表示会为此负责到底，如果观点和行为被证明是不对的，人们也会勇于承担后果。不过，对于被内心冲突折磨着的神经症患者而言，要做到这一点几乎不可能。

试想一下，他到底应该坚持哪种内心倾向呢？他有没有能力去坚持呢？事实上，没有哪种倾向是患者的真实诉求，或者真正坚定的信仰。患者所坚守的，不过是他的理想化意象而已。正因如此，他无法接受自己的任何过错。如果惹出了麻烦，他必然会固守己见，将责任归咎于他人。

举例来说，某个团队负责人对权威充满渴望，并坚信自己是不可或缺的，如果失去了自己，团队将一事无成。他不相信任何人，包括那些在某一方面比他更专业，比他更能干的团队成员。在他看来，自己什么都懂，什么都能做好。他不想让人觉得他需要帮助，不想让人觉得他离不开谁，当然，这一点终究无法做到，毕竟他的时间和精力都有限。不难看出，他想要控制他人，又想亲近他人，还想表现得善解人意。在这一系列冲突的共同作用下，他变得犹豫不决、懒散懈怠，感到全身乏力、睡眠不足。此外，他对时间的安排也不再合理了，经常在约会时迟到，只为了享受“让人等他”的过程，因为他不喜欢“守时”带来的强迫感；为了满足自身的虚荣心，他经常把时间花在莫名其妙的事情上；他想成为妻子和别人眼中的好丈夫，于是又分出时间和精力来“打造形象”……在这种情况下，他的团队怎么可能正常运转呢？可是他不仅没有意识到自身的问题，反而将过错都算到了团队成员头上，再不然就是到处找客观原因。

回到刚才的问题，这样一个人能担负起哪方面的责任呢？是控制，还是屈从？显然，他自己对这两种倾向都毫无认知，就算他能意识到，也不可能做出选择，因为这两种倾向都带有强制性。与此同时，在理想化意象的影响下，他只会觉得自己天生优能，别无其他。对于内心的冲突，他始终是回避的，不去看不去想，不愿承认，极力掩饰。这样一来，他自然无法为内心冲突承担任何责任。

神经症患者往往十分抗拒对自身行为负责，就算后果摆在他眼前，他也会视而不见。他的内心冲突尚未消除，这让他愈加执着地认为自己是万能的，任何矛盾和麻烦都可以轻松化解。当然，这一系列行为和态度都是在无意识中产生的。他看不见任何因果关系，觉得自身毫无问题，一切后果都应该由他人承担并解决。不管患者如何辩解，也改变不了大众的精神生活准则，不管他是有意识的还是无意识的，他的生活方式都偏离了正确轨道。正如林语堂所说，精神生活会冷漠地制约人类的身体。要修正这些错误，就必须让患者正视自身问题，敞开心扉。

一句话，在患者的词典里，是没有“责任”一词的。他隐隐感到自己出现了消极心理，却看不见也找不到缘由，并且只能在治愈后才会恍然大悟：因为自己拒绝承担责任，才会让独立的愿望落空。他原本以为，不承担责任就能让自己独行于世，但这种想法显然是和真理背道而驰的，人们只有勇于负责，才能收获真正的自由。

患者不愿承认内心冲突是一切麻烦和痛苦的根源，为了回避这个真相，他无所不用其极。他会将外化作用发挥到极致，不管遇到什么问题，都认为是外因在起作用，任何事物都有可能被他视为问题的根源，比如天气、饮食、家人、爱人，以及命运，等等。如果遭遇不幸，比如生病、离婚、衰老、被降职之类，他都会深感不公，因为他并不认为自己有错。他的想法实在是大错特错了，不仅是在推卸自身责任，还在胡乱问责。然而，对于患者而言，这种想法又是符合其特殊逻辑的。自我孤立型患者总是以自我为中心，从不认为自己是群体的一分子。他认为自己的生活，好也罢坏也罢，都和他人无关，同时还认为自己理应被生活善待。尽管如此，他还是会感到痛苦，但他始终意识不到痛苦的根源。

另外，如我们前文所说，患者会回避一切因果关系。他孤立地看到后果，认为与己无关，更与自身问题无关。

例如，他认为抑郁和恐惧的降临纯属意外。当然，他这么想也有可能是因为他不懂心理学，或者没有认真地审视过自我。我们发现，患者会全盘否定一切有可能挖掘出来的联系，并极力抗拒分析。他不相信任何因果关系，于是将它们束之高阁。尽管他很想让自身处境好起来，但他依然觉得医生不是在帮助他，而是在责怪他，于是他在医生面前总是极力为自己辩解。因此我们不能不认为，患者大概已经习惯了懈怠，因而坚决不承认，这种态度阻碍了分析工作，也阻碍了自身的每一项行动。当然也有可能，患者其实已经洞察到自己的针锋相对，感觉到他人的不满，却搞不明白事情为什么会变成这样。他一边烦闷着，一边又重蹈覆辙。他在内心冲突和冲突的影响之间筑起一道墙，这道墙限制了他的视野，令他的观察缺乏全面性和整体性，只看得到局部的状况。

有态度，有倾向，就会有后果，但患者拒不接受。这种抗拒大多被隐藏至深，令我们无从窥探。不幸的是，如果无法让患者面对现实，他便会被一直蒙在鼓里，不明白自身行为的初衷，看不到内心冲突对自己生活的影响。毋庸置疑，治疗神经症患者最有效的方式便是让他认识到后果，从而明白只有由内而外地做出改变，才能获得真正的自由。

另外，我想说的是，对于患者拒不承担一切责任的态度，我们能将其视为道德问题吗？有些人认为，医生只需要关注病情，提出治疗方案，而不需要关注道德范畴内的事物。如前文所述，这正顺应了弗洛伊德的观点。

这种排斥道德体系的神经症研究真的行得通吗？在研究人类行为时，真的可以摒除一切是非观念吗？当医生在决定需要分析什么，不需要分析什么之时，难道不正是出于他们自身的是非判断吗？如果医生判断出患者最大的障碍是“自大”，那么他定然会有切实的依据，譬如，他认为患者的自大与实际现状不符，并会产生不良后果，不管患者是否应该承担部分责任，都必然会因此深陷困境。当然，这种潜在的是非判断也是存在风险的，有可能会带有很强的主观色彩，也有可能被经验主义左右。有些医生可能会觉得男人有不轨行为是正常的，而女人太放荡则应该被认真过问；还有的医生可能会觉得，无论男女，追逐纸醉金迷的生活是正常的，反倒是洁身自好的人心理有问题。尽管如此，也改变不了现实：患者的部分道德观因神经症而产生，同时神经症的发展也需要部分道德观的支撑，因此医生是别无选择的，必须重视患者的道德问题。

无论怎样，对病情的判断，理应建立在患者的具体病症上，医生必须认真考量患者的态度是否会导致严重后果，阻碍其自身发展，破坏其人际关系。在得出结论之后，医生必须向患者坦诚己见，告知缘由，努力让患者主动配合。

第十一章
绝望感

虽然内心一直存在冲突，但神经症患者偶尔也会感到满足，会拥有自己的喜好和乐趣。只不过，他的满足感所依赖的条件非常多，因此产生满足感的频率便很低。有些患者只有在独处时才能感到愉悦；有些患者只有在身处人群之中时才会觉得开心；有些患者只有在得到众人认可时才会高兴；有些患者只有在战胜一切时才会满意。不仅如此，能让他感到满足的诸多条件常常是对立的，因此，他感到快乐的机会变得更少。比如，他喜欢跟随他人做事，却又对此感到不满；他很开心伴侣能获得巨大成就，但又心生嫉妒；他苛求完美，同时又觉得太过劳累。

神经症患者惧怕一切意外之事，尽管在生活中，意外随时随地都在发生着。即使是再小的失败，都会让他不可避免地感到抑郁，因为这让他发现自己和别人没什么两样。他人的善意提醒也会让他惴惴不安、精疲力竭，而事实上，很多时候都是世上本无事，庸人自扰之。

他的处境已经很糟，但更严重的是，这样的情况还将持续并恶化。为什么这么说呢？通常而言，只要希望尚未彻底破灭，大多数人都会忍辱负重，坚持到底，但是对于神经症患者而言却非如此，在各种倾向的相互争斗中，绝望感不期而至。他的内心冲突越激烈，绝望感越强烈。患者感受到来自内心深处的绝望，为了能缓解这种痛苦，便把自己置身于各种想象和规划之中。如果患者是男性，他有可能会想，先结婚，再换个更大的房子，换个更好的工作，最后换个更满意的女人当老婆；如果患者是女性，她便会想，另一半应该再年轻一点，再高一点，再稳重一点，那就完美了。这样的尝试，有时候的确可以给患者带来一定的安全感，但是更多的时候，这类“美好愿望”都不过是内心冲突的外化表现，永远也不可能达成。患者总是渴望外部环境的改变能让自身处境也得以改善，然而事与愿违，他不断地进入新环境，但自身处境毫无改善。

一般来说，把希望寄托在外在条件上的情况常常发生在年轻人身上，正因如此，年轻患者的分析工作有其特殊的困难之处。时间是无情的良药，当患者上了一定的年纪，看见过无数次希望的破灭后，他便会开始关注和审视自己，想要从自己身上找到不顺利的原因。患者的绝望感有诸多表现形式，而且程度不同，表现形式也会不同。我们从患者的一些经历中可以看出，他的失望情绪通常会持续很久，并且过度强烈，也就是说，已经超出正常范畴。这些经历可能是青春期的失恋、考试不及格，也有可能是被好友背叛，或者被公司解雇等，久而久之，他的失望变成了绝望。回过头，我想我们应该先思考一下，当初他为什么会感到如此强烈的失望。不言而喻，不幸总是会给人带来很大的伤害，导致很深切的失望。如果某人每天都想着自杀，不管他是不是别有用心，也不管他平日里是不是乐观向上，都证明他正在遭遇极端的失望。有的人会表现出对任何事情都不在意;还有的人一碰到困难就灰心丧气。在弗洛伊德理论中，这一系列行为被称为否定性治疗反应。

为了找到突破口，我们必须做出进一步的探索，然而这种探索会异常艰辛，因为它会让患者更加气馁，并且不再配合后续的分析工作。这种情况有时候会被误认为是患者缺乏克服困难的信心，但事实上他是不敢抱有任何希望。医生进一步的探索让他感到不适，因此，他开始抱怨，这情有可原。除此之外，患者还常常幻想，并希望能对未来有所预见，这也是绝望感的表现之一。尽管这样的行为看起来很像正常的焦虑所致，但我们发现，患者的心态是悲观的，所以才会担心自己走了人生的弯路，害怕将来会遭遇不测。也就是说，患者想要预见的是不幸，而非好运。通常人们都会渴望光明，但患者却更关注黑暗。他内心的绝望是极为深重的，只不过被隐藏或者被合理化了。最后，患者的绝望感还会体现在长期的抑郁状态中，值得强调的是，这种抑郁一般都不为人知，因为患者会表现得如同常人。他能感受到愉悦，也能痛快行事，然而他每天清晨醒来都要给自己做心理建设，让自己重整旗鼓，也就是说，生活已经成为他的负担，他已经习惯了忍受，不再抱怨，不再立场鲜明，也不再有精神追求。

虽然患者的绝望是在无意识中产生的，但并不代表绝望本身也是无意识的。有的人会表现出“破罐子破摔”的态度，觉得自己会一直倒霉下去，只能无助地一忍再忍。有的人会找来各种哲学思想安慰自己，要么说人生就是一场悲剧，要么说命运不可改变。

一般来说，在初次见面时，医生便能洞察到患者的绝望。患者不愿付出一点点代价，不愿遇到一点点不便，不愿承受一点点风险。我们会觉得他骄傲放纵，但其实他只是觉得，自己并不指望从自我牺牲中得到什么好处，自然就没必要做自我牺牲了。在平日里，他的态度也一贯如此。就算处境糟糕透顶，他也不会有任何行动，或许他的绝望已经根深蒂固，他无法克服的不是实际困难，而是心理障碍。

这种浮于表面的状态有时候会被某种“意外”打破。当医生提及某个尚未解决的问题时，患者有可能会说：“是不是没有一点希望了？”显然，他很沮丧，但不明就里。他很可能为自己的沮丧找来各种客观原因，比如工作不顺利、婚姻不幸福，甚至是政局不稳，当然，他的绝望不可能由这些具体事件所致。他觉得自己失去了快乐，失去了自由，失去了生活的全部意义。

克尔凯郭尔在《疾患至死》一书中做出了深刻的回答：“我们感到绝望，因为我们无法成为我们自己。”不管在哪个时代，哲学家们都在反复强调“成为我们自己”的重要意义，同时也认识到，在“成为我们自己”的道路上，如果我们遭遇阻碍，便会感到沮丧。在东方的佛经中，“成为我们自己”也是十分重要的主题之一。在这里，我还想到了约翰·麦克马雷的一句话：“我们的存在就是为了能够彻底地成为我们自己，除此之外，难道还会有别的意义吗？”

一旦患者不再为人格统一而战，冲突便趁机“行动”起来，最终导致绝望感的产生。也就是说，此时的神经症患者，病情已经十分严重了。在这个阶段，患者最直接的感受是“像囚鸟一般找不到出口，失去希望”。他依然会做出某种尝试，然而毫无成效，并让自己更加远离了真实自我。不断重复的各种失败让他的绝望感越来越深。他的才能被淹没了，并且从来没有成功过，大概是因为精力被无限分散的缘故，也可能是因为创造力被大大限制，总之，他的一切努力都被阻碍了。不仅如此，他的爱情和友情也会一个个地溜走。

同时，他依然没有放弃追求理想化自我，虽然我们很难断定，这种追求会不会“助力”绝望感的产生，但毋庸置疑的是，当患者发现真实自我与理想化自我相去甚远时，定然会感到无比失望。也有可能，他会就此放弃希望，不再去奢求达到理想化自我的高度。他开始自我鄙夷，强烈的自卑感让他畏首畏尾起来，不再有任何渴求，不管是情感还是事业。

导致绝望的原因还有一个，那就是：患者不再关注自我，而将生活的重心置于自身之外，于是他的生活便失去了原动力。他不再有自信，不再有信念，开始“破罐子破摔”。尽管他的态度不一定会被人看出来，但最终结果却注定会很残酷——他的精神死了。克尔凯郭尔曾经说过："就算他陷入了绝望……但他还是能够……照常生活，照常忙碌，结婚生子，以及获取名利地位；大概没有谁会知道，从深层的意义上来讲，他早已失去了自我。这种情况很难被人发现，因为人们不感兴趣。自我，是人们最不关心的东西。对于任何一个人而言，这世上最危险的事莫过于被人关注到自我，并因此而带来失去自我的风险。然而，这种危险可能会不期而至，毫无征兆地找上门来。和它相比，别的一切危险似乎'抢眼'得多，诸如断胳膊断腿、被盗或是被背叛，等等。"

根据经验，我发现，绝望常常被医生忽视，未能得到正确处理。有的医生在看到患者的绝望后深感震惊，然后自己也绝望起来，他们虽然发现了问题，却没有正确面对。这种医生显然是不合格的，不管他的医术有多么高超，方法有多么奏效，都只会让患者认为自己无药可救，就连医生都放弃希望了。还有的医生则完全忽视了患者的绝望感，他们认为鼓励才是最好的治疗。鼓励患者固然重要，但作为治疗手段，这样还远远不够。就算患者知道医生是出于好意，也会觉得受到了干扰，因为他下意识地感受到，自己的问题并不只是心情不好这么简单。

身为医生，理应对症下药，有的放矢。要做到这样，就必须认真观察患者的绝望，感知绝望的强度，挖掘绝望的根源。最后还要为患者做出详细的解释，并努力让患者明白，他并非无路可走，但他需要做出改变。这种情况让我想起了契诃夫的《樱桃园》：一户濒临破产的人家打算出售自家的庄园和樱桃园，他们很难过，也很沮丧。此时，有人为他们出了一个主意——在庄园附近修建一些小屋子，用来出租。但是这家人思想传统，他们实在接受不了这个建议，却又想不出别的办法，于是陷入了绝望。他们总是在想，难道真的没人能帮助自己吗？我想，如果他们面前有位医生的话，他们一定会听到："你们的处境确实很糟糕，但并不至于让你们感到绝望，实际上是你们自己的态度蒙蔽了你们的双眼，遮挡住了希望。如果你们愿意适当调整一下对生活的要求，就不会再感到绝望了。"

是否相信患者可以做出改变，从根本上来说，就是是否相信患者可以用自己的力量消除内心冲突。医生在做出相应判断后，才能进一步思考如何应对，如何提高成功概率。在这个方面，我并不认同弗洛伊德的观点。弗洛伊德大概是悲观主义者，不管是其心理学理论，还是哲学理论，在本质上都偏向悲观。这种悲观十分明确地体现在他对人类未来的推论中，也反映在他对神经症研究的态度上。在他的理论中，悲观让希望走投无路。他认为，人类行为受本能所驱，而本能无法消除，最多只能调节。追求满足感是人类本能之一，尽管这种追求会屡遭挫败，但“自我”依旧会在本能与“超我”之间摇摆不定，永不停歇。同样，“自我”也无法改变，只能调节。“超我”的“本职工作”是压制和破坏，并非真正的理想。追求完美只不过是出于自恋，而搞破坏才是人类的本性。“死亡本能”（又称死亡驱动力或毁坏冲动）驱使人们伤害他人或自己。弗洛伊德不认为这世上存在某种积极的、正面的态度能够改变自我，因此他的治疗法受到了很大限制。在我看来，神经症倾向的强迫性并非人之本能，而是源于人际关系失衡。如果能够改善人际关系，神经症倾向也可以随之得到改善，内心冲突也可以逐渐被消除。当然，我提出的治疗法也会有局限性，而要认清这些局限性，我还需要积累更多的经验，但我坚信，从根本上做出改变，不是不可能的。

认识并正确处理患者的绝望是极其重要的。只有这样，才能更好地遏制住患者的抑郁倾向和自毁倾向。其实要消除抑郁并不难，只需要让折磨患者的冲突原形毕露，当然，同时要避免触犯患者的绝望感。不过，如果要避免抑郁复发，就不得不触及绝望感了，毕竟从根本上来说，抑郁产生自绝望。如果不这么做，长期抑郁症便无法得到有效治疗。

我们需要用同样的方式来处理自毁倾向。有很多因素都会导致患者产生自杀冲动，比如无比失望、自我鄙夷和报复心理等。如果等这些因素都显露无遗之后才进行干预，那就为时已晚了。医生若是能够观察到患者所有细微的绝望感，并在合适的时机进行干预，便能挽救很多患者的生命。

通常，患者的绝望感会对治疗工作造成巨大的阻碍。弗洛伊德认为，所有阻碍病情好转的力量都应该被称为“阻力”，但我却并不这么认为，至少我们不能这么定义绝望感。我们需要对阻力和推动力这两种力量进行研究，了解它们的相互作用。所谓阻力，其实是一个集合名词，囊括了协助患者维护人格统一的全部因素。所谓推动力，是源自内心的建设性力量，推动患者努力挣脱内在束缚。在治疗过程中，推动力能够为我们所用，如果没有它帮忙，我们便会茫然无措。简单来说，推动力有利于患者克服阻碍。在推动力的作用下，患者的联想得以丰富起来，和医生的交流也会顺畅得多。患者感受到推动之后，便会自愿放弃为自己带来“安全假象”的态度，开始重新审视自己和他人。患者必须自己走完这条路，任何人都无法代替。现在我想说的是，宝贵的推动力正是被绝望感彻底破坏的。作为医生，假如对推动力视而不见，不懂得多加利用，便是放弃了最强大的同盟，而孤军奋战，何其难矣。

光靠嘴上功夫，是消除不了绝望感的。要取得实质性的进展需要经历一个漫长的过程：要让患者认识到绝望感的严重性，要让他明白希望并没有消失，要让他懂得绝望并非意味着无药可救。我们努力让患者得到解脱，重新上路，然而新的征程依然荆棘密布，苦难重重。有的时候，他会受到有益的启发，然后变得乐观起来，但又极有可能会乐观过了头；有的时候，他会遇上巨大的麻烦，于是灰心丧气，又开始走回头路。患者不断地遭遇新问题，不断地做出新调整，尽管如此，这些事情施加给患者的压力已经不再那么沉重了，因为他深知自己可以改变现状。在这个过程中，推动力日益增强。通常，患者一开始只是想要摆脱不安，随着对自身问题的逐渐了解，他开始追求真正的解脱和自由。

第十二章
虐待狂倾向

如我们所知，被绝望感折磨至深的患者一定会不择手段地找出某个途径让自己坚持“活”下去。尚还拥有一定创造力的患者，可能会有意识地向现状低头，把注意力转移到还能胜任的事务上，比如投身于社会活动、宗教活动或者公益活动中。虽然缺少激情，但他们的工作依然有价值。同时，他们又是没有追求的，所以也并不在意是否创造了价值。

有些患者在适应新的生活方式后，便停止了质疑，循规蹈矩起来，因为他们觉得这种生活毫无意义，自己不过是在完成任务。埃利希·弗洛姆将这种状态称为“缺陷”状态，并拿来和神经症相提并论，但是，在我看来，这种状态其实是神经症的病症之一。

还有些患者会摒弃全部的追求，不管是正经的还是不正经的，无论是前途光明的还是希望渺茫的，总之他们做起了生活的旁观者，只希望能偶尔感受到点滴乐趣，并将这种希望寄托于某种嗜好，比如吃喝嫖赌之类。若不是这样，他们就会被绝望感淹没，处境会越来越糟，直至内心彻底崩塌。他们没有能力胜任任何工作，只好把嗜好当作精神支柱。

在彻底失去希望之后，有些患者的破坏性会凸显出来，并尝试着用某种方式来发泄。我将这种情况称之为虐待狂倾向。

弗洛伊德把虐待狂倾向归类于本能范畴，因而他的分析主要集中在变态心理上。在弗洛伊德理论的基础上，很多心理学家虽然对患者生活中的虐待模式进行了研究，但并没有对这些模式给出精准的界定。在他们看来，自我肯定和野心勃勃的背后隐藏着虐待狂倾向，并属于人为调整后的本能反应。我承认，对权力的一味追求有可能会激发出虐待狂倾向，但假如某人只是把生活看作战场，把他人视为敌人，那么他对权力的追逐不过是某种竞争手段罢了。事实上，除了神经症患者，很多正常人也会这么做。因为缺少明确的界定，我们无从知晓虐待狂倾向的表现形式，因而无法得出正确的判断标准。

只是单纯地伤害别人，并不意味着具有虐待狂倾向。在进行斗争时，人们不仅会伤害敌人，有时候还会被迫伤害自己人。当然，对他人的敌意有可能是受到刺激后的某种反应，例如，某人自认为受到了伤害，便进行了无情的报复，从客观上来讲，他的行为有些过激，但在他自己的逻辑推理中，这种行为又是合理的。不过，我们无法做出定论，因为很多时候看似合理的反应，其实潜藏着虐待狂倾向。要做出明确的区分真的很难，但这不代表我们就能把一切敌意的表现都归咎于虐待狂倾向。另外，攻击型患者始终带有某种程度的破坏性，但我不认为这类患者的攻击行为是虐待狂倾向的表现。尽管他的攻击行为会伤害到他人，但攻击并非他的目的，而只是手段，他只是觉得自己应该为生存而战。简单来说，上述各种行为的行使者并没有心存恶意，并不是想要通过伤害他人来获取满足感。

现在，我们来看看一些虐待狂倾向的典型表现。患者会毫无顾忌地表现出虐待他人的行为，而这种行为有可能是有意识的，也有可能是无意识的。重要的是，他对虐待他人持有某种渴望和诉求。

患者总是一心想要控制和束缚他人，特别是自己的伙伴。在他看来，自己是主人，他人是奴仆，而奴仆是不应该有任何希望、情感、诉求以及主动权的。他企图改造或者重塑他人的人格，就像萧伯纳笔下的伊莉莎一样。当然，这种行为并非一无是处，它也会有一定的建设性，比如在严格教育孩子的时候。在性关系中我们可以看到此类表现，偶尔也会有促进作用，不管是在异性之间，还是在同性之间。尽管如此，一旦"奴仆"表现出些许自我想法，患者便会凶相毕现。他无法摆脱占有欲和嫉妒心的纠缠，并认为这是他人在折磨自己。虐待狂倾向还有一个很特殊的表现，那就是患者觉得控制他人比好好生活更重要。他或许会放弃工作所带来的成就感，或许会放弃狐朋狗友所带来的愉悦感，但绝不会放弃控制"奴仆"所带来的满足感，也绝不会让"奴仆"有片刻的喘息机会。

患者虐待他人的方式各有不同，这和双方的人格结构有关，但总的来说都大同小异。他会给对方一点好处，这样可以将"主仆关系"稳定下来。有时候，他还会满足对方的部分要求，当然，这种满足绝对不会是精神上的。他会通过"恩赐"来表现自己唯我独尊的优越性，并竭力让对方感受到，他会告诉对方说："除了我，还有谁能这么理解你、支持你、满足你，给你这么多的乐趣？其他人怎么可能受得了你！"

在不断打击对方的同时，他还会运用各种"糖衣炮弹”，比如，直接或是间接地向对方示爱，或者答应结婚，又或者掏出更多的钱，等等。患者还会在对方面前发誓，说自己无法离开对方，其实是想让对方离不开自己。为了满足自己的占有欲，患者不允许对方和别的人有任何接触与联系，只有这样，他的虐待行为才不会被干扰。一旦对方彻底依赖上他，他又会反过来以“离开”作为要挟。除此之外，患者还会恐吓对方，或者采取别的一些手段。要理解这种关系的形成与发展，我们还得考虑被虐者的人格结构。显然，大多数被虐者的人格都是屈从型的，他们牢牢克制住了内心的虐待狂倾向，从而变得茫然无助，极端害怕被人抛弃。

在这样的关系中，双方必然会对彼此产生依赖性，又都对此深感不满和怨恨。假如患者的自我孤立倾向较强，那么对方的唯命是从只会让他更加恼怒。他完全没有意识到，现在这种纠结的局面都是自己一手造成的，还一味地怪罪到对方头上。更离谱的是，他宣称要离开，不仅是在表达不满，更是在威胁对方。

值得我们关注的是，不是所有虐待狂倾向都表现为控制和束缚他人，还会表现为玩弄感情。在索伦·克尔凯郭尔的小说《诱奸者日记》中，一个没什么远大理想的男人把生活视为一场游戏，并很乐于参与到这场游戏之中。他能在合适的时候表现出热情或是冷漠；他能准确地洞察到女人对他的态度；他深知如何激发不同女子的情欲，也懂得如何适时地泼上一杯冷水。然而，他关注的只是这场带有虐待成分的游戏，但从未想过自己的所作所为对于那些女人意味着什么。在这里我需要说明一下，故事中的男人对“游戏”的掌控是有意识的，但对于神经症患者而言，这种“有计划地玩弄感情”却都是无意识的。

虐待狂倾向的另一种表现是：损人利己。通常情况下，人们只是为了获取某些好处才会利用他人，但对于虐待狂患者而言，获得好处只是目的之一，更重要的是，他希冀的好处常常是假想出来的，或者是微不足道、毫无意义的，在我们看来，这些好处实在不值得他如此不择手段。患者对利用他人有着某种渴望，将其视为乐趣，并从中感受到了“胜利的喜悦”。他在利用他人时会采取某些带有虐待成分的方式：直接或间接地控制对方，不断施压，要求越来越出格，如果对方无法满足自己的要求，他便会设法羞辱对方，或者让对方感到内疚。在易卜生的戏剧《海达·高布乐》中，我们可以看到，这些出格的要求即便得到了满足，患者也不会有丝毫的感谢之意。他之所以提出这些要求，本就是用来伤害和征服对方的。这些要求千奇百怪，有的是物质上的，有的是名利上的，有的则与性相关。他迫切地需要成为对方眼中的焦点，成为对方的精神支柱，成为对方的“主人”。确切地说，这类要求本身并不能用来定义虐待行为，但它们反映了虐待行为的本质：患者采用各种极端的方式来填补自身情感上的空虚寂寞冷。海达·高布乐便是这样的人，她总是埋怨生活无聊，没有激情，便从男人身上寻找刺激，就像寄生虫一样不可自拔。她的所作所为都是无意识的，而正是这种无意识状态，让利用他人变得“理所当然”。

其实，我们已经洞察到，在利用他人的同时，患者还想让对方感到挫败。另外，患者并非一毛不拔，在某些时候他也会显得很大方，事实上，我们看到的“吝啬”，只是反映出患者某种无意识的冲动：想要挫败对方，打击对方，让对方失望。他不允许对方获得满足感，会想尽一切办法摧毁对方的美好感受，比如，对方想见他，他就会表现出不耐烦；对方想亲近他，他就会表现出冷淡。总之，他不会做出任何积极的、正面的回应。在人们眼中，他是阴郁的，他的每一个动作、每一句话都会给人带来不适感。

自然而然地，患者会随时鄙视和欺辱别人。他很喜欢找茬，乐此不疲，还会兴趣盎然地对别人的缺点点评一番。他似乎有某种才能，能够一眼看出对方的弱点和敏感之处。他总是凭直觉行事，包括鄙视和欺辱他人。这种行为很有可能被合理化，被他认为是真诚的表现。当他感到不安时，他会把原因归咎于别人才疏学浅或者品性卑劣，可是如果有人反问他，他的指责是否属实，他便会惊慌失措。由此我们可以看出，患者对他人是极端不信任的。他常常在嘴上说着“我可以信任某某”，但一做起梦来，那人就变成了老鼠蟑螂，显然，他不可能真正地信任谁。无法相信他人，其实是鄙视他人的副作用。鄙视他人是无意识的，但不信任他人却是有意识的。患者吹毛求疵的程度堪称“怪癖”，不仅对他人的实际过错抓住不放，还把自身过失外化，把责任推卸到别人身上。举例来说，当他人因为他的言谈举止而感到不安时，他很快便能察觉出来，并会鄙视他人的反应；如果别人对他有所保留，他便会大肆斥责别人不够真诚。他埋怨对方依赖性太强，却完全没有意识到自己正在奴役对方。另外，被虐者所遭受的伤害不仅体现在言语方面，也会体现在具体行为上，比如带有侮辱性的性行为等。

当虐待狂倾向受到阻碍时，或者局面出现反转时，患者会觉得自己遭受了压迫、轻视和利用，于是怒火中烧。对于“欺负自己”的人，他觉得不管用什么方法进行报复都不为过，就算将对方置于死地也解不了他的心头之恨。当然，大多数情况下，这些疯狂的念头会被压制住，随之而来的是恐惧感和生理机能失调，而此时此刻，患者内心的紧张感已经异常强烈了。

虐待狂倾向到底意味着什么？在这些残忍的行为背后，患者到底在渴求什么？有人认为，虐待狂倾向的表现只有性欲倒错，这显然是错误的。的确，虐待狂倾向会体现在性行为中，但这是因为它和其他病态倾向一样遵循着一条规律：任何态度都定然会在性关系中有所表现。此外，很多患者都会在进行性行为时表现出异常亢奋，甚至疯狂。如果认为这种亢奋和疯狂是单纯的性欲，那就大错特错了，从现象学的角度出发来看，这两种感受有着本质上的区别。

还有一种观点认为，虐待狂倾向是发展和延续了孩童时期的虐待冲动。真的是这样吗？我们知道，孩子们时常会对小动物或者弟弟妹妹做出某些残忍的举动，并觉得这么做很好玩。表面上看，成年人的虐待狂倾向似乎是在承接孩童时期的残忍，但事实上，这两种虐待冲动截然不同。孩子所表现出来的残忍是简单直接的，是在对抗所遭受的压抑和委屈，他选择比自己更加弱小的对象进行报复，从而肯定自我。成年人所表现出来的残忍则要复杂得多，因为它拥有盘根错节的根源。另外，并不是所有的童年经历都能成为患者反常行为的最佳注解，在这里，我们不得不提出疑问：如果说幼年时的残忍会被延续，那么究竟是什么因素在支撑着它的发展呢？

上述的两种观点都很片面，一种只关注了“性”，另一种只关注了“残忍”。尽管如此，这两个方面的解析也是不到位的。同样，埃利希·弗洛姆的理论也带有局限性，但相比之下更接近实质。他认为，带有虐待狂倾向的人其实并不想彻底摧毁他人，但因为他在精神上无法独立，所以不得不采用虐待他人的方式来支撑自己活下去。这是一种特殊的共生关系。然而，埃利希·弗洛姆的解释依然不够充分，也没有说明患者为何非要采用这种极端的方式把自己和他人“捆绑”在一起。

在为虐待狂倾向做出解释之前，我们必须对患者的人格结构做出剖析。我们发现，当患者觉得生活毫无意义时，他的虐待狂倾向便会陡然出现。其实在医生确诊之前，患者就已经凭直觉洞察到了，但他无法让自己行动起来去改变生活。于是，他无路可走，只剩下满腔愤恨，认为自己将一直失败下去。

从此开始，他仇视生活，仇视一切正能量的事物。在他的仇恨中，嫉妒之心与日俱增。他渴望得到，却又始终得不到；他失望着、沮丧着、愤怒着，却又无所作为，只是眼睁睁地看着生活离他而去。这样的状态被尼采称为“生之嫉妒”，即永远生活在嫉妒之中。这种嫉妒夹杂着恨意。他看不到别人的遭遇，只觉得自己不幸。在他眼中，别人的爱恋是那么美好，生活是那么享受，创造力是那么丰富，归属感是那么强烈……别人拥有的一切美好都令他愤怒，他不懂为何自己感受不到一丝丝的幸福。就像陀思妥耶夫斯基笔下的那个悲剧人物一样，他会认为别人的幸福是不可原谅的，他急需摧毁别人的快乐。对于患者而言，这种破坏性是在无意识中产生的，是为了找个人来分担自身的不幸。在击溃别人之后，他会自我感觉良好，因为他觉得终于有人和自己一起受罪了。

还有些患者会采用一种更加高明的手段来满足自己的嫉妒之心，那就是“吃不到葡萄说葡萄酸”。之所以说这种手段更高明，是因为我们常常被它蒙骗。患者把嫉妒隐藏起来，就算被人看穿也会极力辩驳。他只关注生活的苦难和丑恶，因为他对生活满怀恶意，他觉得自己能够战胜一切苦恶。于是，他时时刻刻都在挑人毛病，鄙视他人。如果遇见一位美丽的女子，他最先看到的是她身体的缺陷；当他随意走进一个房间，他会首先关注家具摆放是否协调；在工作中，再完美的报告也逃不过他的“火眼金睛”。总之，别人的过失、缺点，甚至是动机，都是他的“猎物”，而对于这样的态度和行为，他往往会拿“追求完美”来作为挡箭牌。

他通过不断贬损别人来满足自己的嫉妒心，但本质上却越来越失望，越来越不满。譬如，当他升级为父亲时，他想得最多的词是“负担”；但如果他没办法生养孩子，他又会觉得被剥夺了人生中最宝贵的财富。他觉得“性”是羞耻的，觉得自己在性关系中像低等生物；但如果自己没有性关系，他又会一直忧心忡忡。他在郊游或旅行时总是喋喋不休，觉得这也不方便，那也不方便，但如果把他留在家里，他又会觉得自己很没面子。他并没有意识到自己长久以来的各种不满都源自内心冲突，他始终认为自己受到了欺压，别人理应满足他的各种要求，但事实上，就算要求被一一做到了，他也无法获得满足感。

我们了解了那些夹杂着恨意的嫉妒，那些贬损他人的行径，以及因此被增强的不满，于是也理解了患者的感受、想法和行为。但是，若要进一步判断患者的破坏性到底有多大，自以为是的感觉到底有多强烈，我们还需要先观察一下绝望感给患者自我造成的影响。

患者一边违背着现实中的道德准则，一边追逐着高大完美的理想化道德准则。这类患者我们在前文有所涉及，他们无法企及理想化自我的高度，于是决定“破罐子破摔”，在这种恶性循环中总是交织着快感和绝望感。理想化自我和真实自我之间的距离越来越远，他看不到希望，觉得自己已经彻底没救了。继而，他失去了目标，任由自己堕落。只有打破这样的状态，他才能建立起新的自我认知，别无他法。如果想让他积极地面对生活，一切直接的试探或要求都是无用的，反而会让他觉得医生很无知。

他十分厌恶自己，甚至不愿意正视自我。他越来越自以为是，因为他希望自己足够强大。如果遭遇外界的质疑、批评或忽视，他会感到自卑，最后干脆把这些都视为不公，统统拒之门外。在自卑感被外化之后，他开始将矛头对准他人。恶性循环就此形成。他越来越看不起别人，越来越对自卑感视而不见；事实上他的自卑感越来越强烈了，随之而来的是越来越深刻的绝望。为了保护自己，他开始带有攻击性。这种病情演变的过程，我们在前文中提到过，那位女性患者总是埋怨丈夫不够果断，而当她发现其实是自身的犹豫导致了愤怒时，她恨不得杀了自己。

从这个层面上来看，虐待狂不得不去伤害他人，因为他的逻辑思维具有强制性和盲目性。他坚定地认为必须要改变他人，至少要改变同伴。他无法实现的目标，同伴必须实现。他把对自己的苛求统统转移到别人身上，当对方无法满足他的理想化意象时，他就会愤怒至极。他有时候也会问自己："我为什么要这样对他，放手可好？"不过这种理性的想法无法支配其行动，毕竟他的内心冲突依然存在，并不断被外化着。通常，他把这种施压辩称为"爱"和"关心"，事实当然并非如此。他的行为与"爱"无关，只是想让对方实现自己的理想化意象罢了，不过这个目的永远都不可能达到。

为了抑制"自卑感"，他又点燃了"自以为是"，他时刻都处在高度自信中，不断冲击着目标。此时，我们更能理解虐待狂倾向的另一个突出表现了，那就是报复性。这种报复性是病态的，就像毒药一样，在患者毫无意识的情况下，侵蚀他的每一个细胞，侵占他的整个人格。患者之所以会产生报复性，主要是因为他急迫地想要驱逐内心的自卑感。当他遇到麻烦和不幸时，他自以为是地认为是别人亏待了他，伤害了他，于是把一切责任都推给了别人。他觉得自己的生活被毁了，别人一定要付出代价。这样一来，他内心的善意被抹杀了。他总是想："我为什么要体谅那些毁掉我的人？他们过得那么好，我却这么痛苦！"显然，在面对具体的人和事时，他的报复心理是有意识的。

现在，我们可以大致勾勒出虐待狂的形象：他认为自己不受人待见，命中注定不会成功，于是自暴自弃，盲目地报复他人。换句话说，他把自身的快乐建立在别人的痛苦之上。然而，我们对虐待狂倾向的认识还不够全面，破坏性还不足以解释为什么大多数虐待狂会对某种追求无比执着。一定还有什么更特别的原因有待我们去挖掘，比如对虐待狂来说意义重大的事物，等等。这么说起来，好像和我们前面的判断有些出入，之前我们认为：虐待行为产生自绝望。一个绝望之人怎么会有所追求呢？而且还这么执着？其实这并不难理解——患者自认为已经找回了自信，甚至还找到了某种优越感。他通过改造别人的生活模式而获得权威感，并将其视为自己生活的意义所在；他通过玩弄情感来填补内心的空虚；他通过战胜别人来抵消自身的挫败感。他渴望复仇，更渴望复仇能成功，这或许是他生存的最大动力了。

他的任何追求都是为了让自己获得满足感，不论是激情、刺激还是兴奋，而心理健康的人是不会追求这些的。人们越是成熟，就越会对所谓的兴奋和刺激不在意。但虐待狂的情感生活往往是一片空白，他的情感体系已经瓦解，只剩下愤怒和征服。他活着，却像死了，只有强烈的刺激才会令他感觉到一点点生机。

他从虐待行为中找到了力量感和优越感，这样一来，他无意识的自以为是被进一步强化了。我们在分析过程中时常会看到，对于自身具有虐待狂倾向这件事，患者的态度总在不断变化着。在刚刚意识到虐待狂倾向存在时，他会用批判性的眼光来看待它，但我们可以洞察到，这种批判性并非出自真心。患者不过是在附和我们的道德准则，尽管他偶尔也会对自己感到厌恶。此后，他一度想要放弃这种错误的生活方式，却又被失落感重重包围。在这个阶段里，他开始能够有意识地感受到伤害他人所带来的快感。他惧怕医生的分析，因为这会将他的软弱无能公之于众。在分析过程中，这种情况时有发生。如果能让患者接受自身的懦弱，总有一天他会意识到，那些从虐待行为中斩获的满足感都是无用的替代品。可在此之前，对患者而言，这些无用的替代品又是多么珍贵啊，毕竟，现实中的他可能永远都得不到。

综上所述，绝望之人也拥有执着的追求，只不过他所追求的并非自由或自我完善，而只是毫无意义的替代品。内心冲突顽固地存在着，他依旧绝望，依旧不想、不愿也不敢做出任何改变。

另外，他自认为收获的感情往往也是替代品。虐待狂富有攻击性和破坏性，并需要利用他人来完成自己的生活，无疑，在他的逻辑中，这是他能活下去的唯一方式。为了达到目的，他会不择手段，绝望感让他以为自己已经失去了一切，接下来只会有所收获而不再会蒙受损失。从这个层面上来说，他所做出的一切努力都是为了自我补偿。当他自认为高人一等时，他的挫败感便会得到安抚。

不得不说，破坏性是一把双刃剑，除了会伤害到他人之外，也会给患者自身造成极大的影响。除了之前所提到的自卑感，破坏性还会让患者焦虑不安。这是因为他担心会被受害人报复，担心别人以牙还牙。在他看来，别人总想要欺压他，如果不时刻戒备着，以攻代守，自己就会被打败，但是自己又是绝对不可以被侵犯的。于是他时刻都在防备着，密切关注着别人的一举一动。患者在无意识中坚信自己神圣不可侵犯，并由此获得了某种安全感：自己绝不会被伤害，绝不会发生意外，绝不会生病，自身的弱点也绝不会被揭露，等等。然而，一旦他遭受了伤害，不管是他人的反击还是纯属意外，都会让这种安全感烟消云散，他又开始惶恐起来。

从某种角度来说，患者焦虑的原因还在于：对自身破坏性的恐惧，以及害怕被压制的冲突随时会爆发。他感觉自己身上绑了一捆 TNT（一种烈性炸药），为了不让它们爆炸，他不得不竭尽所能地克制自己，并时刻保持着警惕。例如，有的患者喜欢喝酒并自认为酒量不错，结果因为一时贪杯，破坏性有了可乘之机，最后惹出了大麻烦。在面对诱惑时，患者也能意识到危险。左拉在《人兽》一书中描写过这样一个场面：虐待狂被一个女孩深深吸引，但他感到极大的恐惧，因为他发现自己产生出杀掉那个女孩的冲动。这种恐惧感似乎是破坏性的前奏，而患者在看到意外事故或残忍画面时，也会产生同样的恐惧感，因为他的破坏欲被激发了。

自卑和焦虑的产生，主要是因为虐待狂倾向被压制了。这种压制的程度因人而异，而其破坏性一般都游荡在意识之外。简单来讲，患者丝毫没有意识到自身的虐待狂倾向，只是有时候会想要去欺负一个弱者，有时候看到别人的暴行会莫名地激动，有时候会冒出一些带有虐待成分的疯狂想法……而诸如此类的感受和想法并没有引起他的注意。进一步来说，他看不到这些问题，是因为他对自我、对他人都毫无兴趣，他的情感是麻木的，他体会不到自己的行为对他人意味着什么。

为了隐藏真相，他总会做出辩解，不仅成功地骗过了别人，也成功地骗过了自己。需要注意的是，虐待狂倾向是神经症发展的最后阶段。因此，不同类型的神经症患者所表现出来的辩解方式也各有特点。屈从型患者会认为对他人的奴役是“爱”的表现。他认为，自己需要什么，就应该向同伴索求什么；自己如此弱小，同伴理应照顾他；自己一个人活不了，同伴就一步都不能离开。他责怪别人的方式不会很直接，通常是埋怨别人给自己制造了很大的麻烦。

攻击型患者不会压制和掩饰自己的虐待狂倾向，当然，他这么做不一定是有意识的。他毫不隐藏自己的不满和鄙视，并果断地提出要求，他不仅认为自己是对的，还认为自己很坦诚。在外化作用的影响下，他不仅忽视他人、利用他人，更会直接威胁和要挟他人。

在自我孤立型患者身上，虐待狂倾向会显得异常“柔和”。他表现出随时都有可能转身离开的姿态，以此夺走了对方的安全感，并会设法让对方知道自己正在被打搅、被纠缠，当看到对方流露出窘迫的神情时，他便在心中暗自痛快。

如果患者用更大的力度去压制虐待狂倾向，那么很可能会让这种倾向出现倒错。患者对自身的虐待冲动过分担心，从而想要极力隐藏这种冲动，不让任何人有所觉察，包括他自己。于是，他会回避一切与自我肯定相关的事物，以及一切带有攻击性或敌意的人与事。

概括地说，他做出了退让，不再让自己伤害别人，却因此失去了追求的能力，也失去了控制和主导的地位。他变得谨小慎微，变得无比压抑，就连正常的嫉妒都被彻底压制了。当他遇到困难时，头痛、胃痛之类的生理反应也会不期而至。

最终，患者彻底失去了自我。他不敢说出要求和想法，甚至不敢心怀希望；他不敢反抗，甚至不敢认为自己受到了欺辱；他活在别人的期待和要求中，甘愿被人利用，却不会为个人利益做出一点点抗争。他想利用别人，却又感到害怕；因为这种害怕，他又很鄙视自己只敢想不敢做。如果被人利用，他几乎毫无还手之力，从而表现出抑郁的状态，或是功能性紊乱。

他不仅不会伤害到别人，反而还会担心自己令人失望。他过分细致，过分宽容，也会过分谨慎。对于一切有可能伤害到别人的言行举止，他都会竭力避免。他在别人面前只会说“好听的话”，以便让别人高兴。他总是在道歉，就好像全世界的错都是他的责任一样。在必须要批评某人或某事时，他会表达得非常委婉；甚至在自己遭受虐待时，他也会表示原谅。但实际上，他的内心是极为敏感的，他能感受到所有的委屈，并因此痛不欲生。

如果患者的虐待狂倾向在情感方面毫无突破口，那么他便会觉得没有人会对自己产生感情。于是，不管现实情况如何，他都认为自己对异性毫无吸引力，不过只是别人的玩物罢了。在这种情况下，他能有意识地感觉到自卑，这也是自我鄙夷的表现之一。在此需要说明的是，患者之所以会认定自己毫无吸引力，可能是因为曾经对他来说无比强烈的渴望——征服他人和排斥他人——在无意识中被减弱了。通过分析，我们发现，原来患者在无意识中构建了一整个只属于他的爱的世界，当然这个世界是虚幻的。接下来，他会在忽然之间发现自己具备一定的吸引力。然而这已经于事无补，一旦别人对他认真起来，他就会莫名其妙地感到气愤，轻视对方，并选择离开。

我们此时看到的所谓“个性”都是假象，难以用作评价标准。这种表现和屈从型患者的表现有很多相似之处。实际上，被认定为虐待狂的人一般都属于攻击型患者，而虐待狂倾向已经倒错的人则会表现出屈从型患者的各种特征。比如：他在童年时期遭遇暴力，并被迫服从强权；在情感方面自欺欺人，不但不反抗施暴者，反而会爱上对方；在青春期时，内心冲突不可抑止，于是开始自我孤立，以求得到慰藉；在失败面前，他对孤独状态忍无可忍，从前对他人的依赖性似乎又回到了身体里。然而，此时，他对温情的渴望已经超乎寻常，只要不让自己孤独一人，他宁愿付出一切。与此同时，他能获取的温情却愈加少了，因为他内心的自我孤立倾向依然存在，并不断地阻挠着他与别人交往。在这场战役中，他被折磨得心力交瘁，逐渐感到绝望，最后虐待狂倾向乘虚而入，占了上风。然而，他对温情的渴望并没有消失，因此他极力压制着虐待冲动，并把它深深地隐藏起来。

患者的人际交往能力已经出现了很大的问题，然而他自己有可能并不知道。在别人看来，他很做作、害羞，以及胆小怕事。在他自己看来，他是在施予爱。在医生的分析过程中，如果让他发现自己这份“爱”是虚幻的，或者让他明白自己并不懂什么才是真正的“爱”，他便会深感震惊，并将这种“不是爱”或者“不懂爱”视为万劫不复之事。显然，他只是放弃了“爱”的假象，却在无意识中拒绝承认自己带有虐待狂倾向，并拒绝做出丝毫的自我观察。如果想让他获得真正的爱的能力，就必须让他认清内心的这些冲突，并为消除它们而付出巨大的努力。

回过头来看，上述这些表现中的一些因素是可以证明患者带有虐待狂倾向的。譬如，他时常会用隐秘的手段来威胁他人、利用他人和挫败他人；他常常会表现出明显的鄙视，尽管这种鄙视有可能是无意识的；他认为所有的鄙视都事出有因，毕竟自己高人一等。除此以外，他有很多表现都前后不一致，比如，有些时候，他会极力忍受自身所遭受的暴虐，又有些时候，他会过于敏感地对待所受到的轻微控制和利用。在这种情况下，别人都会认为他是“受虐狂”，觉得他喜欢被虐，并且对此很享受。不过，最好不要轻易使用“受虐狂”这个词，它很容易让人产生误解，接下来我们会对它所涉及的各种因素做些探讨。患者的整个人格都被压制住了，他无法自我肯定，于是不论何时何地，他都甘愿接受被伤害的事实，尽管他对自身的怯懦会深感恐慌。实际上，他常常会很关注虐待狂，而同样，虐待狂也会很关注这样一个甘愿受虐的人。简单来说，他们相互吸引着。如此一来，他显然是会被利用、被羞辱和被挫败的。不过，这不代表他很享受，实际上他痛苦不堪。说到底，他是在通过受虐来发泄自身的虐待冲动，而不用直面自身的虐待狂倾向。他自欺欺人地认为自己冰清玉洁，对施暴者愤怒不已，并暗自发誓终有一天要战胜施暴者。

这种情形早已被弗洛伊德关注过，但他的概括却没有实际依据，反而显得有些拙劣。他用哲学的眼光看待这些现象，认为人生来就具有破坏性，不管他外在看起来多么优秀。但在我看来，这些现象其实是某种神经症的症状。

综上所述，我们的研究已经很深入了。在本章伊始，我们提到过一些观点，比如认为虐待狂倾向的表现就是性欲倒错，或者认为虐待狂是“邪恶之人”，现在看来都是无稽之谈。性欲倒错的现象在患者身上非常少见，就算偶尔会出现，也只是患者总体症状中的一种罢了。我们不能不承认破坏性的存在，但同时我们也看到了在破坏性行为的背后，藏着一颗痛苦不堪的心。这颗心属于一个在绝望之中挣扎的人，生活欲将他毁灭，他艰难地寻找着出口。

结　语

解决冲突

神经症的基本冲突大大地损害着患者的人格，我们急需找到切实有效的解决办法。但是，正如我们所见，单单只是靠理性、意志力或者回避态度，是无法达到我们想要的效果的。真正的解决之道只有一个：改变制造冲突的因素。这种办法很激进，也很强硬。要知道，想要改变内心的任何一个方面都是极其困难的，只是让患者看到基本冲突的存在还远远不够。

或许医生在治疗之初就发现患者已经出现了人格分裂，并努力让他看到这一点，但这么做并不会产生多好的效果。不得不承认，它能够在短期内缓解患者的痛苦，毕竟患者明白了自身烦恼的成因，至少不再迷茫和失落。然而，他并没有办法用这种认知来支配自己的实际行动，而依然会处于分裂的状态中。医生的话对他来说，就像是陌生人带来的消息，虽然他认同，却不觉得和自己有什么关系。在无意识中，他的认知被淹没了。他确信医生是在夸夸其谈，他并没有如此严重的内心冲突，在不受干扰的情况下他一点问题都没有；情感和事业的成功可以让他摆脱所有的不幸；只要不与人交往，就可以避免与人发生矛盾和争执。他还认为自己拥有足够强大的意志力和足够高的智商来同时应对多个人和多件事。又或者，他会觉得医生很无知，明明自己已经病入膏肓，却非要做出一副自信满满的样子。显然，这种态度意味着患者已经对自己绝望了。

患者坚持以自我的方式来解决冲突，在他看来，这种坚守比解决冲突更重要。也有可能，他已经彻底绝望，并不认为自己有机会好起来。医生想要有效地控制患者的基本冲突，就必须先明确他的想法，以及这些想法有可能会导致何种后果。

在寻求切实有效的解决之道时，我们还需要面对另一个至关重要的问题，它和弗洛伊德的遗传性理论有关：当我们认识到各种导致冲突的倾向之后，是不是只要追根溯源，挖掘患者的童年经历，这就足够了？当然不是。如上所说，就算患者能记起童年经历，他也不会因此而做出改变，只会更加宽容和原谅自己。这样做，对解决冲突毫无帮助。

人们的早期经历的确会对人格有所影响，甚至改变人格，但就算我们对患者的早期经历有了全面的认识，于治疗本身而言，也并没有太大意义。不过，在我们研究冲突的条件时，它却具有一定的价值，比如，预防神经症。我们可以了解到何种因素对成长有利，何种因素对成长有害，并在此基础上做出有效的预防措施。毕竟，冲突产生自个体与自我、与他人的关系之中。孩子有可能会觉得自己内心的自由被束缚，失去了主动性，失去了安全感，也失去了自信心，也就是说，他有能力感受到自身的精神状态处在失衡的边缘。他感到无助，无法真心地与人交往，只能被动地与人接触，而这些接触又被各种利害关系笼罩着。在他眼中，不存在单纯的喜爱或不喜爱，不存在坚定的信任或不信任，不存在明确的赞成或反对，为了让自己面临的危险最小化，他不得不处心积虑地与人周旋。他的生活呈现如下状态：偏离真实自我，疏离他人，孤立无助，恐惧感颇深，以及人际关系紧张且带有敌意，这种带有敌意的紧张感主要表现为处处防备，事事小心。

这些状态说明，患者的冲突并没有被消除，不仅如此，各种倾向所导致的内心需求日益强烈起来。显然患者的尝试都是无用功，只会让自己与自我、与他人的关系更加混乱，让治疗工作雪上加霜。

因此，我们的治疗目标是：改变状态本身。我们必须让患者进行自我改造，认识到自己真实的情感诉求，发现自己真正的信仰，并在此基础上去与人交往。要做到这样很难，堪称奇迹，可是一旦做到了，冲突就会烟消云散。那么，接下来，我们需要如何一步步地让“奇迹”发生呢？

不管是什么类型的神经症，也不管其症状如何怪异，说到底都是一种性格障碍。那么，我们便需要分析神经症患者的性格结构了。我们愈加清晰地看到其性格结构的异常之处，我们的治疗工作也就能愈加有的放矢。当我们把神经症视为患者为了解决冲突而建立的保护性结构时，分析工作便可以被大致划分为两大板块。

第一个板块是，细致地观察患者所做的各种无意识的尝试，以及这些尝试对其人格的影响。具体来说，需要研究他的主要倾向、理想化意象、外化作用等，但并不用进一步详细考量它们和基本冲突的关系。我们认为，在不考量冲突本身的情况下，也可以对各种因素进行研究和处理。虽然这些因素产生于患者尝试解决冲突的过程中，但它们既然存在便有价值。

第二个板块是，解决冲突本身。患者不仅需要对自身冲突有所了解，还必须知道这些冲突有何影响，如何作用。换句话说，他必须认识到那些导致冲突的倾向和随之而来的态度，并知道它们是如何执行具体任务，以及相互干扰的。例如，屈从型患者不仅要知道自己有屈从倾向，并要知道这种倾向会因为他同时还具有倒错的虐待狂倾向而威力倍增；他理应懂得，是屈从倾向导致了他的失败，同时又不断地强化着他“不能不胜”的欲望。他还应该明白，在很多因素的共同作用下，他产生了禁欲思想，但这种压制恰恰和他的内心需求背道而驰，实际上，他无比渴望能够拥有爱，能够享受快乐。我们必须让他认清这样一个过程：他是如何从一个极端走向了另一个极端，并反反复复为之，比如，自己怎么会时而过分严苛，时而又过度宽容；时而异常拘谨，时而又放荡不羁；时而谴责他人，时而又原谅他人；时而觉得自己神权在握，时而又认为自己毫无权力。

除此之外，我们还需要向患者解释清楚，他怎么委曲求全都是无用的。患者可能会尝试着将自私和大方、暴力和关爱、控制与付出等行为融为一体，但事实上绝无可能。在分析过程中，他会洞察到自己的内心冲突是如何被理想化意象、外化作用等防御措施掩藏的，以及破坏性是如何被它们削弱的。总之，分析工作的目的就是让冲突及其影响，以及其导致的症状，完全暴露在患者眼前。

通常，在分析工作的不同阶段，患者会采取不同的对抗方式。当我们在分析他的各种尝试时，他会对自身倾向所包含的主观价值持肯定态度，因而拒绝接受倾向的真实面目。当我们分析他的冲突本身时，他会坚称冲突并不成立，从而无法认识到自身倾向的对立性。

对于分析工作的步骤，弗洛伊德的观点给了我们莫大的帮助。他将医疗原则运用到心理分析工作中，并主要强调了两点：第一点是医生的解释应对患者有益；第二点是医生的解释不应对患者有害。也就是说，医生需要想明白两件事：第一，此时此刻，如果告诉患者真相，他是否能够承受？第二，这些解释对患者是否有意义，是否可以引导他进行积极正面的思考？然而，我们目前还没有找到合理的标准去判断患者的承受能力，也不知道用什么去引导他进行积极正面的思考。毕竟，没有哪两个患者的性格结构是一样的，我们没有办法总结出精确的标准和最佳的时机。尽管如此，分析工作大致上还是需要遵循如下准则：

当患者的态度有了特定的转变时，医生才能进行进一步的分析。在这个前提下，我们总结出了一些常规的办法。如果患者依然坚持着“自救”，不管之前是否向他阐明过他的基本冲突，此刻医生都需要一针见血地指出他的所有尝试。是否需要提及冲突本身，要视具体情况而定，毕竟患者是脆弱的，医生必须小心谨慎。有些患者不适合过早了解自身的冲突，他们会因此深感不安；而有些患者在过早地看到自身冲突后会毫无反应，毫无改变。当然，如我们所知，如果患者不放弃自己的尝试，不能有意识地寻求解决之道，那么他就永远也不会关注冲突本身。

理想化意象同样值得我们给予高度重视。在神经症初期，对理想化意象的某些层面是可以施予干预的，不过在此我们不做详述。我们需要谨慎地对待理想化意象，因为它被患者视为唯一真实可靠的感受，也是唯一可以帮助患者守护自尊、免遭自我鄙夷的力量。如果患者不够坚定和强大，就不可能摒弃他的理想化意象。

在刚开始分析的时候，我们不用盯着虐待狂倾向不放，这样做毫无意义。因为患者在理想化意象的影响下，一定程度上会将它隐藏起来，有时候甚至会表现得截然相反，而且，在分析过程中，患者一旦意识到它的存在，往往也会害怕它，厌恶它。更重要的是，如果患者还坚持认为理想化意象是他唯一的追求，那么他绝不会正视自己的虐待狂倾向。因此，我们建议，最好等到患者不那么绝望，或者不那么无措之后，医生再对虐待狂倾向进行分析。

我们会依据患者的性格结构来决定所采用的分析方式，当然也包括选择好的时机。例如，攻击型患者觉得富有情感就是懦弱无能，他对感情极端排斥，并崇拜一切强势的人和事。对这样的患者，医生不能先观察他对亲近是否有渴求，而应该分析他所持态度背后的动机。对于患者来说，医生的言行举止无一不在威胁着自己，因此他对分析工作会十分抗拒，以免自己被“无端”改造。如果他不能让自己坚强起来，就永远也无法承受委屈、服从和自我厌恶。遇到这样的情况，医生只能等待，还无法着手触碰他的绝望感，因为他极有可能拒不承认自己感到绝望。在他看来，如果承认自己感到绝望，就相当于将自我厌恶公之于众，让所有人都看到了自己的失败，这无疑是件耻辱之事。再例如，对于屈从型患者，医生则需要先了解其“亲近他人”的表现，然后再探讨他的控制欲和报复性。再例如，如果患者视自己为天才，那么就不能一开始便分析他的恐惧感和自我鄙夷。

在分析过程中，一开始我们能分析的层面很有限。最严重的情况是：在极为强烈的外化作用和极为顽固的理想化自我的共同影响下，患者对自己的一切缺陷都视而不见。如果遇到这种情况，医生必须避免一些暗示，哪怕是极为隐晦的暗示也不行，比如，跟患者说病因在其自身，诸如此类。不过，在这种情况下，医生可以尝试窥探其理想化意象的某些部分，例如患者对自身的极端要求等。

假如医生对患者性格结构的因果作用了然于胸，那么他便可以更迅速、更准确地判断出患者在人际交往中的表现，从而得到分析的最佳切入点和最佳时机。从某种程度上来说，他可以“以点概面”，从微小的症状入手，观察到患者人格的某个方面，从而将注意力转移到重点上。说起来，这有点像内科医生的治疗过程：从患者的咳嗽、疲惫等症状，分析出他可能得了肺结核，于是对症下药。

举例说明。有的患者过分谦卑，对医生佩服得五体投地，在人际交往中完全没有自我，那么医生便能判断出，他具有亲近他人的倾向。然后医生会进一步分析，这是否是患者的主要倾向，在得到验证后，便可以围绕这一倾向，从各个角度出发来解决患者的问题。有的患者总是对自己的屈辱喋喋不休，并担心医生也会羞辱他，那么，医生便可以判断出，自己需要帮助患者消除对屈辱的恐惧感。接下来，他会选择当下他所看到的，最显著的根源来进行分析。比如，他可能会把这种恐惧感和患者的理想化自我联系到一起，但这么做的前提是，患者已经对自身的理想化意象有了些许认知。有的患者表现出懈怠，反应迟钝，心态悲观，那么医生就需要帮助他消除绝望感。如果是在分析之初，医生恐怕只能告诉他，他是在“破罐子破摔”，进而让患者知道，他的绝望感是虚幻的，毫无现实基础，只是一个可以解决好的心理问题。如果是在分析工作的后期，医生则可以更详细地跟患者做出解释，让他明白，他感到绝望的原因是无法逃脱内心冲突而感到绝望，或者无法企及理想化自我的高度。

以上是我们的常规建议，在具体的分析过程中，医生们可以充分利用直觉和敏感性去改善患者的内心状态。不过，虽然直觉会给医生带来巨大帮助，但并不是说整个分析工作单靠直觉就能完成。医生必须对神经症患者的性格结构有深入了解，才能确保自己的判断是科学的、严谨的、精确的和负责任的。当然，犯错是常有的事。我所说的犯错并非大的过失，比如搞错了患者的动机或主要倾向之类，而主要是指一些小的失误，比如在患者还无法接受的情况下做出一些解释。通常，医生能够避免大的过失，却无法杜绝小的失误。一般来说，如果医生的观察足够细致，便能从患者对解释的反应中察觉出自己的失误，进而进行修正。事实上，人们太过关注患者的拒绝态度，却忽略了他的整体反应，以及内心的潜台词。这很糟糕，因为如果无法对他的反应做出正确判断，便无从着手进行下一步的工作，也无法让患者对自身的问题做出正确处理。

某位患者发现自己在和别人交往时，一旦对方向他提出要求，不管是否合理，他都会感到气愤，因为他觉得这些请求都是在强迫他。更不说批评了，就算是最公正的批评也会让他感到受辱。然而轮到他自己，他又觉得要求和批评别人都是理所当然之事。也就是说，他认为自己享有某些特权，而别人不应该拥有这些权益。这一切，他心里都很清楚，并且也知道这种状况必然会破坏，甚至毁掉自己的人际关系和婚姻家庭。在他认识到自身态度的影响之前，他很配合医生的分析工作，然而此后，他忽然变得不那么配合了。他开始焦虑，并感到抑郁。他在人际交往中表现出极端的内向和自我孤立，而在此之前，他还在热烈地追求着某位异性。这种退让的现象反映出，他并不接受“人人平等”的观念，或者说，他在理智上是接受的，但在情感上是拒绝的。他感到抑郁说明他意识到自身处境的艰难，他选择退让说明他正在另辟蹊径。终有一天，他会发现，不管如何退让也没用，自己已经走投无路，直到这时他才会回过头去想，自己为何不愿接受平等的观念。在他的“人际交往手册”中，只有两条准则：要么拥有权力，要么毫无权力。假如让他授权给别人，他会很害怕自己会因此失去自由，从此屈居人下。此时，他的屈从倾向和自我鄙视被激发出来，让他更加离不开权力和威望，在他看来，只有手握一切权力，才能真正保护自己。在没有缓解或消除这种屈从倾向之前，我们不能强迫他放弃他所选择的防御手段，如果硬要这么做，他的整个人格将被淹没。因此，医生必须先帮助他消除屈从倾向，才能进一步解决他非黑即白的认知问题。

你我都知道，没有哪种治疗方法是万能的，可以化解神经症的各种问题。对于不同的问题，我们必须从不同的角度去研讨。毕竟，患者的每一种态度和表现，都是在多种因素的共同作用下产生的；随着神经症的发展，这些态度和表现还会被转化，并相互作用，相互影响。譬如，屈从倾向一开始会表现为渴望温情，因而在分析患者的欲求时，就需要先分析他的屈从倾向；此后，在分析患者的理想化意象时，也需要考虑他的屈从倾向。

于是，我们逐渐认识到，所谓的“委曲求全”实质上是患者自以为“圣者”的表现。接下来，在分析他的自我孤立倾向时，我们又发现这种“委曲求全”还可以让他避免与人发生冲突。再后来，我们发现患者是畏惧他人的，并极力压制着自己的虐待狂倾向，这正好证明了他的屈从倾向带有明显的强制性。在很多情况下，患者对带有强制性的事物都异常敏感，最初人们会觉得这是自我孤立倾向在起作用，但经过认真揣摩之后则会发现，这其实是控制欲的投射现象，如果再深入地研究一番，我们可以知道，这或许是某种倾向被外化的结果。

在分析过程中，对每一种倾向或冲突的具体研究，都必须全面考虑患者人格的整体结构。通常，这些深入的研究需要遵循以下步骤：让患者看到自身某种倾向或冲突的全部表现，不管是外在的还是内在的；让他意识到强制性的存在；让他明白这种倾向或冲突对其意识的影响；让他知道这种倾向或冲突会导致的严重后果。很多时候，患者看到某种奇怪的症状时会问“怎么会这样”，然而他并不会立刻去检查自己哪里出了问题。不管他有没有意识到自己的所作所为，他都一味地相信，只要回顾一下自身经历就能解决问题。为了不让他生活在回忆里，医生必须让他正视症状本身，应该让患者看清这种症状的表现形式，看清它如何被掩藏，并认识到自己对它的态度。

如果患者对屈从倾向的恐惧感已经十分明显了，那么，我们必须让他进一步看到，自己是如何放弃了自我，并因此感受到愤怒、恐惧和自我鄙视的；必须让他了解，他在无意识中进行着自我克制，只为了摒除一切遭遇屈从的可能性，进而让他懂得，他身上那些外在的表现其实都是为了这样一个目的。他已经麻木了，感觉不到别人的喜怒哀乐，并因此变得冷漠起来；他不再对别人付出感情，同时也不再渴求别人的关爱；他认为温情和善是可耻的；他不由自主地屏蔽了别人的请求；在亲密关系中，他觉得自己拥有“特权”，可以为所欲为，但却不接受别人行使同样的权力。当我们发现患者在无意识中认为自己无所不能的时候，不仅要让他意识到这一点，还要让他看清，他一直都在追逐虚幻的假象。

然后，我们需要让患者知道，他的一言一行都受到了某种倾向的驱动，而事实上，这些行动可能并非出自其本意，或者对个人利益毫无帮助，甚至有悖于他的个人需求。这种强制性是普遍存在的，没有对象和场合之分。比如，不论是对朋友，还是对敌人，他都同样苛刻，同样轻视；遇到态度温和的人，他觉得人家一定犯了什么错；遇到态度强势的人，他觉得对方是想征服自己；如果别人妥协了，他觉得那是懦弱；如果别人表现出爱慕，他觉得那是犯贱；如果吃了闭门羹，他觉得别人太小肚鸡肠，等等。患者有可能并不确定自己是否被他人认可，那么此时就需要让他知道，他的自我怀疑也具有强制性，就算现实情况是正向的，他也无法消除这种自我怀疑。我们在研究某种倾向的强制性时，也会考虑倾向受挫时患者的表现。例如，一位渴望温情的患者在发现自己有可能被拒绝或被忽视时，会感到恐惧，不管这种可能性有多大，也不管对方到底重不重要。

如果说第一步是让患者意识到自身问题的严重性，那么第二步便是让他感受到问题背后那些始作俑者们的强度。我们希望患者可以进行自我观察。

通常，在分析某种倾向的主观价值时，患者会很乐意提供线索。比如，他会告诉医生，他抗拒一切给自己带来压迫感的事物，但他这么做是被迫的，要不然早就被父母制服了。不管是在从前还是现在，他一直用自以为是的优越感守护着自尊，用自我孤立和事不关己的态度做着防卫。不能不承认，患者这么做的目的是为了保护自己不受伤害，不过弊端也是显而易见的。当某种倾向已经上升为主要倾向时，我们所观测到的它的主观价值也已经成为历史，当然，这对我们的研究很有帮助，尤其是可以让我们对这种倾向的作用和影响做出更加全面的理解。从治疗的角度而言，这些作用和影响都十分重要。不过我们认为，倾向和冲突与患者的实际需求相关，也就是说，找出以前症状的根源并不是最重要的，因为我们要解决的是患者当下的内心冲突。

患者很愿意接受这些主观价值，主要是因为这样可以屏蔽掉一部分其他倾向。对于医生来说，需要完全理解这些主观价值的意义，从而做出应对。比如，某个患者坚持认为自己无所不能，这样一来，一切“可能”都成了现实，一切“愿景”都得以实现。我们需要知道他对生活的幻想程度到底有多高，是否是为了避免失败，以及是什么让他认为自己会失败并因此深感恐惧。

在分析工作中，最重要的一点是让患者看清倾向和冲突的真面目，让他知道他自以为的“好”不仅不好，而且危险。在之前的分析中，我们会对患者做一些启发性的工作，现在，我们需要让他更加全面和详细地了解自己的问题了。只有这样，他才会找到改变自我的动力。所有的神经症都表现为“强制维持现状”，想要有所突破，就必须找出一种能压制所有倾向的极为强力的刺激方法。这种方法只能由内而外地发挥作用，患者要发自内心地渴望自由和幸福，并坚信所有的神经症症状都是阻碍。如果一个患者看不起自己，常常责难自己，我们会让他认识到，他的自尊和希望都被抹杀了，因此他才会觉得自己不被人接受，常常忍辱负重。长此以往，他会产生报复心，会逐渐失去与人相处的能力，就连工作能力也会大受影响。在这种情况下，他会在无意识中做出防御，表现出自大、自负以及自我疏离等，而他的神经症则会愈加严重。

如果患者已经清晰地看到了某种冲突，那么医生便可以进一步向他做出解释，他的生活是如何被这个冲突所影响的。例如，有患者既渴望成功，又自我鄙夷，二者相互矛盾，造成了冲突。有经验的医生会看出，这是虐待狂倾向的倒错现象，顽固且压抑。于是，医生会向患者指出：他常常自我鄙夷，觉得自己卑鄙可耻，却又嫉妒自己崇拜之人；他渴望胜利，却在每一次胜利之后觉得自己太可怕，并担心他人报复。

当然，也会有这样的情况发生：患者已经意识到了后果的严重性，却依然态度淡漠，就好像忘了自己有问题，或者觉得问题已经消失。实际上，他对自我所受到的伤害已经心知肚明，因此这种“毫无反应”的反应很值得关注。一旦医生忽视了这类反应，也就无从认识到患者“对自我毫无兴趣”的症状。患者会立刻转移话题，把医生带入死循环。在经历漫长的分析之后，医生才会幡然醒悟，自己原来做了这么多无用功。

当医生发现患者偶尔会表现出“毫无反应”的状态时，便需要进一步探寻，到底是什么让患者对自身状况视而不见。要知道，患者的这种态度存在严重的隐患，有可能已经造成了诸多的严重后果，必须尽快得到改变。当然，这种态度的起因会很繁复，医生不得不逐一分析并做出应对。与此同时，患者可能已经绝望了，认为木已成舟无从改变，于是开始一味地挑衅医生，想让医生出丑和失败。他对这件事的热情程度远远超过了对自身问题的热情。在强烈的外化作用下，就算他看到后果，也不会觉得和自己有丝毫关系。他可能还很自以为是，深知后果是必然存在的，却暗自笃定自己可以完美地躲开。除此之外，不得不说他的理想化自我如磐石般顽固，让他否定了自身所有的倾向和冲突。

如此一来，他的愤怒只会针对自己。在他看来，既然自己可以预见问题，那也应该能够解决问题。显然，患者是渴望改变的，只是这种渴望被某些因素压制住了，而作为医生，则必须重视这些产生抑制作用的因素。医生需要努力让患者逐渐接受自我，就算冲突依然存在，至少可以让患者慢慢轻松下来，从而开始想要摆脱当下的困境。这种局面肯定是对分析工作有利的。

我想你们已经看到，我并不希望让这本书成为医学专著。事实上，有很多情况我都未做阐释，比如，如果患者在分析过程中表现出防御性或攻击性，对分析工作是有利还是有弊？会出现怎样的后果？诸如此类意义重大的命题，我都没有在此讨论。前文所提到的分析步骤，通常运用于新冲突或新倾向凸显之时，并且只涉及了分析工作必然会经历的主要过程。在实际操作过程中，绝不可按部就班，医生应该根据具体情况来调整步骤和节奏。

无疑，在分析过程中，神经症症状的变化是因人而异的。当患者发现自身的愤怒是无意识的，并产生内心冲突时，他可能就不再那么恐慌了，当他面对自身处境时，也不会觉得焦虑不安了。我认为，如果分析工作足够到位，一定会改变患者对自我、对他人的态度，而且这种改变是一致的，是大方向上的。有些患者的各种表现看起来毫无关联，比如过分关注性事，自以为是地随心所欲，以及极度敏感等，然而，对它们的深入剖析是十分重要的，因为它们无一不在影响着患者的整个人格。无论对何种表现做出分析，都可以一定程度上让神经症症状逐渐减轻。举个例子，我们来看看如何减轻自我疏离的症状。一个过分关注性事的人，只有在进行性行为时才会感到自己拥有生命力，他的一切患得患失都仅限于“性”的范畴内，他追逐的优越感只是“性”的吸引力。医生会让他明白，如果无法面对、接受并理解这个现实，他就不可能对别的事物感兴趣，更无法开启新的生活。一个把理想化自我视为现实的人，不可能知道真实的自己是多么普通，他看不到自身的局限性和实际能力。在医生的帮助下，他放弃了对理想化自我的追求，发现并面对了真实的自我。一个极度敏感的人失去了希望和信仰，心甘情愿地被他人控制着。在经过分析之后，他找回了内心的渴望，并开始为之努力奋斗。

敌对情绪总是被患者尽力克制着，不管是何种类型，也不管有何种根源。然而，在分析过程中，它们常常会浮现出来，在短时期内让患者感到紧张焦虑。不过，只要引发这种情绪的某种因素消失了，这种敌对情绪本身也会逐渐消退。

敌对情绪的趋于平和，主要是由于患者的无助感有所减轻。某个患者希望自己能够足够强大，他认为越是强大，就越不会受到威胁。然而，强大的意义不仅限于此。他以前总是只关注别人，现在我们让他更加关注自己。事实上，他越来越有活力了，并建构起新的价值观；他的潜能将逐渐发挥出来，那些曾经用来压制各种倾向的能量也会得到释放；他不再抑郁，不再恐慌，不再自我鄙夷，也不再绝望；他不再盲目地亲近他人，对抗他人；他不再肆意发泄，并懂得了退让——他真正强大起来了。当然，在保护性结构被彻底粉碎后的一段时期内，他会因震感而略感焦躁，不过随着自身处境的日益改善，这种焦虑感会渐渐消失。

点滴成河，最终，患者与自我、与他人的关系都得到了改善。他在变强大的同时，敌意也减少了很多，他不再对抗他人，也不再寻求自我孤立，而是变得亲切和善。消除了外化作用和自我鄙夷之后，他也更懂得善待自我了。

通过分析，患者身上有了很多改变，其中包括造成内心冲突的初始状态。我想说的是，如果任由神经症肆意发展下去，那些强制性的倾向将会越来越严重，分析治疗是很有必要的。患者在面对自身困境时不得不做出各种尝试，于是形成了某种态度，而现在这种态度已经没有意义了，也就不值得他坚守了。的确如此，如果一个人内心充满安全感，就不会害怕被人忽视，也就不会一味地追逐名利；如果一个人拥有爱的能力，也拥有竞争的能力，就不会离群索居，让自己从人群中消失了。

这注定是个漫长的征程。患者的内心越是纠结，他所面对的阻力就越大，分析工作所需的时间也就越多。患者总是希望治疗可以立竿见影，我很理解，但我更希望他可以从分析过程中得到尽量多的收获。当然，这取决于神经症的严重程度。轻微的神经症通常在短期内便会有所好转，而严重的神经症则欲速则不达。

值得庆幸的是，除了分析治疗之外，生活本身也可以帮助我们解决内心的冲突。如我们所知，经历会改变人格。这种改变可能会让你成为一位卓越的成功者；可能给你带来一场小小的不幸；可能会让你走入人群，从此不再孤单；可能让你感受到他人的友善和关爱，从此不再欺骗自己。

不过，我们无法掌控这种源自生活的治疗。我们不可能专门设计一场不幸，或者一段感情，只为迎合患者的某个特殊需求。生活终究是冷漠的，它让一个人感到好受的同时，会让另一个人万分难过。另外，当生活让患者看到自我行为所导致的恶果，并试图让他吸取教训时，他却总是屡教不改。显然，他缺乏吸取教训的能力，而我们的分析工作便是帮助他看到、反省和承担起自身的责任，并将这种责任感带进生活中。

我想，现在是时候重新定义一下神经症分析疗法的目标了。尽管大多数神经症症状都被归入医学范畴，但分析疗法的目标却不能这样界定。因为大多数既影响精神，又影响生理的疾病的根源都是人格分裂，所以它应该属于人格范畴。

如此一来，治疗的目的就多元化了。比如，努力帮助患者重拾责任感，我们希望他变得积极主动，有作为有担当，能够为自己的行为负责。同时，在人际交往中，他愿意承担起各种义务和责任，并觉得它们有价值，不管是为人子女，还是为人父母，不管是关系到小家，还是关系到大国，诸如此类的义务和责任，他都甘愿承受。

与此同时，我们这么做还有个目的：希望他获得内心真正的自由，不再唯命是从，也不再妄自清高。说到底，就是要帮助患者重建新的价值观，并将其运用于生活之中。他必须学会尊重他人，才能实现与人平等。

为了能够准确地界定分析疗法的目标，我在这里要用到一个专业术语：感情的自发性，指的是感情的自然反应，包括爱恨情仇，也包括喜怒哀乐。爱情的自发性对人们的表现能力、控制能力和主动性都提出了要求。比如，真正的爱绝不是依赖，也不是支配，而应该如马克默雷所说的那样："这种关系本身就昭示着目的；我们在此间相互依存，自然而然地分享曼妙的感受；我们在此间相互理解，敞开各自的心扉，在同一屋檐下追寻着幸福与快乐。"

那么，分析疗法的目标到底应该如何界定呢？它是在力争人格完整。换句话说，它帮助患者摒除一切虚幻假象，让他感受到自己的真实情感，继而全身心地投入到生活中。当然，要实现这个目标，就必须先消除患者的内心冲突。

这个目标并非我们拍着脑袋想出来的，实际上，它的确切实可行。它不仅是各个时代的伟大成功者们的追求，更是心理健康的重要因素。我们通过分析神经症的病理因素，从而制定出这样一个目标，是极为合理的。

这个目标看似遥不可及，但我们绝不会动摇，因为我们坚信人格可以改变，也可以日益完善，直至完整。人格的可塑性很强，这种改变不仅限于孩童，其实所有人都可以做得到。生活让人们吸取了各种各样的经验和教训，而分析疗法则强力地推动着人们从根本上做出改变。更重要的是，我们越加了解神经症的"运行体系"，就越容易实现我们的目标。

尽管当下还没有人能够实现这个目标，但我们依然会为之奋斗。它不仅可以指导我们更好地完成分析治疗工作，还可以指导我们更好地去生活。当然，医生始终无法让患者成为完美之人，他只能帮助患者找寻真正的自由，追逐真实的理想。患者所要的不过是这样一个机会，可以让自己更加成熟，更加强大，飞得更高，飞得更远。